Forschungsreihe der FH Münster

Die Fachhochschule Münster zeichnet jährlich hervorragende Abschlussarbeiten aus allen Fachbereichen der Hochschule aus. Unter dem Dach der vier Säulen Ingenieurwesen, Soziales, Gestaltung und Wirtschaft bietet die Fachhochschule Münster eine enorme Breite an fachspezifischen Arbeitsgebieten. Die in der Reihe publizierten Masterarbeiten bilden dabei die umfassende, thematische Vielfalt sowie die Expertise der Nachwuchswissenschaftler dieses Hochschulstandortes ab.

Weitere Bände in der Reihe http://www.springer.com/series/13854

Michael Elfering

Experimentelle Strömungsanalyse im gerührten Fermenter

Bewertung von Mischvorgängen in Biogasfermentern mittels Particle Image Velocimetry

 Springer Spektrum

Michael Elfering
Fachbereich Maschinenbau/Labor für
Strömungstechnik und Simulation
Fachhochschule Münster
Steinfurt, Deutschland

Forschungsreihe der FH Münster
ISBN 978-3-658-22485-1   ISBN 978-3-658-22486-8   (eBook)
https://doi.org/10.1007/978-3-658-22486-8

Die Deutsche Nationalbibliothek verzeichnet diese Publikation in der Deutschen National-
bibliografie; detaillierte bibliografische Daten sind im Internet über http://dnb.d-nb.de abrufbar.

Gedruckt auf säurefreiem und chlorfrei gebleichtem Papier

Springer Spektrum ist ein Imprint der eingetragenen Gesellschaft Springer Fachmedien Wiesbaden
GmbH und ist ein Teil von Springer Nature
Die Anschrift der Gesellschaft ist: Abraham-Lincoln-Str. 46, 65189 Wiesbaden, Germany

Vorwort

Diese Masterarbeit entstand im Labor für Strömungstechnik und Strömungssimulation unter der Leitung von Herrn Professor Dr.-Ing. Hans-Arno Jantzen in Zusammenarbeit mit dem Labor für Verfahrenstechnik und nachwachsende Rohstoffe unter der Leitung von Herrn Professor Dr.-Ing. Jürgen Scholz im Fachbereich Maschinenbau der FH Münster.

Den beiden Professoren gilt besonderer Dank für die hervorragende Betreuung, das entgegengebrachte Vertrauen und die stets konstruktive Kritik während der Erstellung dieser Arbeit.

Die angenehme und professionelle Arbeitsatmosphäre sowie die außerordentliche Hilfsbereitschaft aller Mitarbeiter im Labor für Strömungstechnik und Strömungssimulation konnten zum Erfolg der Arbeit beigetragen. Persönlich möchte ich an dieser Stelle Herrn Sven Annas M. Eng. und seine stets kompetente Unterstützung bei allen Fragen rund um den Mischprozess in Biogasfermentern hervorheben.

Neben meinem fachlichen Umfeld danke ich meiner Familie und Freunden für die Unterstützung während der vergangenen Monate.

Inhaltsverzeichnis

Zusammenfassung

Der Rührvorgang von Biogasanlagen ist ein essentieller Bestandteil der Gasproduktion. Ein guter Methanertrag kann nur bei einer optimierten Durchmischung des Substrates erreicht werden. Bedingt durch die schlechte Zugänglichkeit und die Trübung der scherverdünnenden Suspension im Fermenter sind optische und berührende Messverfahren bis auf vereinzelte mechanische Verfahren mit eingeschränkter Funktionalität lediglich an einem geometrisch und rheologisch verkleinerten Modellfermenter mit transparenten Ersatzfluiden möglich. Für den Rührvorgang ist dabei neben dem stationären Strömungsbild auch das transiente Verhalten während der Anlaufphase von Bedeutung, da die eingesetzten Rührwerke selten im Dauerbetrieb eingesetzt, sondern zyklisch ein- und ausgeschaltet werden. Können bereits während dieser Anlaufzeit gute Durchmischungsergebnisse erreicht werden, kann die absolute Einschaltdauer des Rührwerkes gesenkt werden. Da in direkter Nähe zum Rührorgan die größten Scherraten erreicht werden, ist dieser Bereich sowohl für den Mischvorgang wichtig als auch für die scherempfindlichen Mikroorganismen besonders kritisch.

Im Rahmen dieser Arbeit wird gezeigt, dass die Particle Image Velocimetry (PIV) ein sehr hilfreiches Werkzeug zur Bestimmung der Strömungsvorgänge im Inneren eines Modellfermenters ist. In dem hierzu angepassten Versuchsstand lässt sich mithilfe der PIV untersuchen, wie die begrenzte Durchmischung heutiger Anlagen durch Variation der Rührwerkslage optimiert werden kann. Bei den Messungen ist zu beobachten, dass durch die Wahl der außermittigen Rührwerkslage (Lage 5) bei scherverdünnenden Fluiden die Größe der schwach durchströmten Totgebiete dramatisch gegenüber denen der konventionellen Rührwerkslage reduziert werden kann. Daraus folgt eine Verbesserung der Durchmischung gemäß des Geschwindigkeitskriteriums nach Jobst et al. [1]. Ähnlich gute Ergebnisse lassen sich zwar auch durch die Anhebung der Drehzahl erreichen, dies verursacht jedoch gleichzeitig eine Zunahme der Scherraten am Rührorgan sowie ein überproportionales Anwachsen der Antriebsleistung.

Bei Untersuchungen der Anlaufströmung zeigen sich für die zentrale Rührwerksposition (Lage 3) die kürzesten Anlaufzeiten, wodurch sich diese Lage besonders dazu eignet, für sehr kurze Zeiten bedarfsorientiert eingeschaltet zu werden, um so die Gesamteinschaltdauer zu reduzieren.

Um den Einfluss der Turbulenzen auf die Scherraten in Rührwerksnähe objektiv bewerten zu können, wird das zeitabhängige Strömungsfeld mit Hilfe der Proper Orthogonal Decomposition (POD) in empirische Eigenmoden zerlegt, welche an

Hand ihrer Charakteristiken drei Kategorien zugeordnet werden können: Stationäre, durch Paddelbewegung organisierte sowie turbulente Strömungsanteile. Dies ermöglicht die Bestimmung der kinetischen Energien sowie der Scherraten dieser drei Kategorien getrennt voneinander. Der hohe Einfluss der Turbulenzen auf die Scherung bei der konventionellen Rührwerksdrehzahl wird nachweisbar. Mit diesem Verfahren lassen sich Turbulenzen lokalisieren und quantifizieren, wodurch künftig beispielsweise der Wirkbereich des Rührwerkes in welchem besonders effektiv durchmischt wird beschrieben werden kann.

Abstract

The mixing process of biogas plants is an essential part of the gas production. Therefore, an efficient production of methane gas can only be achieved when this process is optimized.

Due to the opacity of the shear thinning suspension and the poor accessibility of a full-scale plant, optical and other flow measurement techniques are, with the exception of a few mechanical methods with limited functionality, only possible on a scaled-down plant with a transparent substitute fluid.

Both the transient flow during start-up period and the stationary flow during operation are important to determine the overall mixing quality of the system, since usually the agitator does not run continuously but with periodical power-on cycles. The total operation time of the agitator and thereby the total power consumption can be reduced, if sufficient mixing results are already achieved during the start-up procedure. The highest shear rates occur in the area near the agitator. Hence, this region is as important for the mixing and the mass transfer as it is critical to the shear sensitivity of microorganisms.

This work shows that the Particle Image Velocimetry (PIV) is a powerful tool to determine the flow processes inside the scaled-down plant built for this study. PIV is sufficient to investigate how the modest mixing quality of today's plants is affected by various other agitator positions. The measurements show that an off-center positioning of the agitator (position 5) reduces the dead zones in the flow drastically compared to the conventional solution (position 1), if the fluid has shear thinning properties. Hence, the mixing quality improves as well, based on the velocity criterion introduced by Jobst et al. [1]. It is possible to achieve similar mixing results by increasing the rotational speed, but this also leads to a disproportional growth of shear strain and power consumption.

The start-up time can be minimized by positioning the agitator in the center of the plant (position 3). Hence this position is optimal for short and demand-oriented power-on times. The off-center position 5 offers good start-up times as well.

To determine the effects of turbulences in the agitator region, the calculated time resolved flow fields can be decomposed into turbulent and organized motion using the method of Proper Orthogonal Decomposition (POD). This shows that the turbulent flow plays a not negligible role in the effective shear strain.

Formelzeichenverzeichnis

Zeichen	Beschreibung	Einheit
A	Fläche	m^2
a	Eigenmodenkoeffizient	-
$a^*_{90\%}$	Virtuelle mittlere Anlaufbeschleunigung	$m \cdot s^{-2}$
a_R	Rührwerksbeschleunigung	s^{-2}
B	Bildgröße	m
b	Verschiebung der Sättigungsfunktion	-
b'	Bildabstand	m
C	Korrelationsmatrix	-
c	Sättigungsrate	-
d	Rührwerksdurchmesser	m
D_F	Auswertefenstergröße	-
E	Verzerrungstensor	s^{-1}
F	Kraft	N
f'	Brennweite	m
$f(\cdot)$	Dichtefunktion	-
$F(\cdot)$	Verteilungsfunktion	-
FPS	Bildrate	s^{-1}
g	Objektabstand	m
G	Objektgröße	m
H	Höhe	m
I	Helligkeit	-
k	Konsistenzfaktor	$Pa \cdot s^m$
k_{MO}	Metzner-Otto-Konstante	-
m	Fließindex	-
m'	Verzögerung	-
n	Drehzahl	s^{-1}

Zeichen	Beschreibung	Einheit
N	Umdrehungen	-
n_{nenn}	Nenndrehzahl	s^{-1}
n_{re}	Brechungsindex	-
P	Leistung	W
r	Radius	m
R_{xy}	Korrelation	-
R^2	Bestimmtheitsmaß	-
s	Stationäres Ähnlichkeitsmaß	-
St	Stokes-Zahl	-
T	Moment	$N \cdot m$
t	Zeit	s
t^*	Zeitäquivalente	s
t_0	Periodendauer	s
$t_{90\%}$	Anlaufzeit	s
v	Strömungsgeschwindigkeit	$m \cdot s^{-1}$
V	Geschwindigkeitsvektorfeld	$m \cdot s^{-1}$
V_∞	Vektorfeld der stationären Strömung	$m \cdot s^{-1}$
v_{mittel}	Gemittelte Geschwindigkeit	$m \cdot s^{-1}$
v_{tip}	Umfanggeschwindigkeit	$m \cdot s^{-1}$
x, y	Koordinaten	-
$\dot{\gamma}$	Scherrate	s^{-1}
$\dot{\Gamma}$	Scherraten Skalarfeld	s^{-1}
Δd	Partikelverschiebung	-
Δt_{lag}	Zeitverzögerung	s
ε	Dissipationsrate kinetischer Energie	-
η	dynamische Viskosität	$Pa \cdot s$
$\mu_{\ln(v)}$	Mittelwert der logarithmierten Geschwindigkeiten	-
ν	Kinetische Viskosität	$m^2 \cdot s^{-1}$
ρ	Dichte	$kg \cdot m^{-3}$

Zeichen	Beschreibung	Einheit
$\sigma_{\ln(v)}$	Standardabweichung der logarithmierten Geschwindigkeiten	-
τ	Schubspannung	Pa
τ_0	Grenzschubspannung	Pa
$\Phi(\cdot)$	Verteilungsfunktion der Standardnormalverteilung	-
Φ_I	Eigenvektorfeld	$m \cdot s^{-1}$
χ	Flächenanteil mit $v > 0{,}05$ m/s	-
ω_0	Eigenkreisfrequenz	s^{-1}

Wiederkehrende Indizes und Abkürzungen

Index	Beschreibung
O	Originalsystem
M	Modellsystem
tot	Totale Fermenterströmung
$mean$	Gemittelte Fermenterströmung
org	Organisierte Fermenterströmung
$turb$	Turbulente Fermenterströmung

Abkürzung	Beschreibung
PIV	Particle Image Velocimetry
POD	Proper Orthogonal Decomposition

Abbildungsverzeichnis

Abbildungen im Anhang

Tabellenverzeichnis

1 Einleitung

In Zeiten steigender Energiekosten und wachsendem Umweltbewusstsein in der Gesellschaft steigen auch das Interesse nach alternativer Energiegewinnung und damit die Bedeutung von Biogasanlagen, welche die Gewinnung von elektrischer Energie aus nachwachsenden Rohstoffen ermöglichen. In Deutschland beträgt der Anteil an erneuerbaren Energiequellen im Jahr 2016 29,5 % der gesamten Stromerzeugung. Nach der Windkraft folgt die Biomasse als bedeutsamste Form der regenerativen Energie [2]. Ein Großteil dieser Energie wird bei der Verbrennung der im Fermenter entstehenden Gase gewonnen. Diese Gase sind ein Produkt des Gärprozesses, bei dem mit Hilfe von Mikroorganismen, unter Ausschluss von Sauerstoff organische Stoffe umgesetzt werden. Um diesen Gärprozess effizient durchführen zu können, ist eine optimale Durchmischung des Substrats erforderlich. Dies geschieht üblicherweise mit Hilfe von Rührwerken.

1.1 Problemstellung

Zu den heute üblichen Bauformen von Rührwerken zählt unter anderem das Paddelrührwerk, welches neben der Substratförderung auch Schwimmschichten aufbrechen kann. Um einen bestmöglichen Gasertrag bei der kontinuierlichen Fermentation zu erwirtschaften, ist eine optimale Durchmischung des Substrates erforderlich. Der Rührprozess sorgt für den Stofftransport unvergorener Bestandteile zu den eingesetzten Mikroorganismen, sodass diese stets mit frischer Beladung versorgt werden. Neben der Optimierung der Durchmischung gilt es auch, die für den Rührvorgang benötigte Leistungsaufnahme zu reduzieren, um die für den Betrieb benötigte Verlustenergie gering zu halten.

Einflussfaktoren auf das Rührverhalten sind neben der Rührwerks- und Fermentergeometrie auch die Lage des Rührwerkes und dessen Drehzahl. Die Bestimmung von Auswirkungen dieser Faktoren wird erschwert, da es sich bei dem Fermentersubstrat um ein sogenanntes nicht-newtonsches Fluid handelt, welches scherverdünnendes Fließverhalten aufweist. Durch diese Eigenschaft verändert sich der Impulseintrag während des Rührprozesses und es können sich sogenannten Kavernen ausbilden: Das Fluid besitzt aufgrund der höheren Schergeschwindigkeiten in Rührwerksnähe eine geringe Viskosität, sodass das beschleunigte Fluid vom Rührwerk wieder angesaugt wird. Im Bereich um das Rührwerk entsteht ein abgegrenztes Teilvolumen mit zirkulierender Strömung.

Des Weiteren sind in dem opaken Substrat eines Biogasfermenters keine optischen Messverfahren möglich. Auch andere Messmethoden sind nur aufwendig und kostenintensiv im Realmaßstab realisierbar.

© Springer Fachmedien Wiesbaden GmbH, ein Teil von Springer Nature 2018
M. Elfering, *Experimentelle Strömungsanalyse im gerührten Fermenter*,
Forschungsreihe der FH Münster, https://doi.org/10.1007/978-3-658-22486-8_1

1.2 Ziel der Arbeit

Ziel dieser Arbeit ist die Analyse und Beschreibung der Rührwerkslageabhängigkeit des stationären Strömungsfeldes eines Fermenters sowie dessen transienten Verhaltens während des Anlaufens des Rührwerkes. Ebenfalls gilt es, die Strömungsverhältnisse in unmittelbarer Rührwerksnähe zu bestimmen, da dieser Bereich aufgrund der hohen Geschwindigkeiten und Scherraten für die Durchmischung von großer Bedeutung ist. Dies soll durch experimentelle Untersuchungen an einem maßstäblich verkleinerten Modellfermenter des Strömungslabors der Fachhochschule Münster mit Hilfe der Particle Image Velocimetry (kurz PIV) und verschiedenen Modellfluiden erreicht werden. Um Messungen dieser Art mit verstellbarer Rührwerksposition durchführen zu können, sind zunächst konstruktive Anpassungen des bestehenden Prüfstands erforderlich.

Die Ergebnisse werden zur Validierung von computerunterstützten Simulationen verwendet und ermöglichen durch ein sogenanntes Scale-Up-Verfahren auch Rückschlüsse auf das Strömungsfeld eines realen Fermenters. Sie ermöglichen hierdurch weitere analytische Schritte zur Optimierung des Rührprozesses.

2 Grundlagen

2.1 Rheologie

2.1.1 Newtonsches Gesetz

Das newtonsche Gesetzt besagt, dass sich bei einem idealviskosen Fluid eine Scherspannung anders als beim Festkörper nicht aus dem Scherwinkel sondern der Schergeschwindigkeit ergibt (s. Abbildung 2-1). Dabei ist die Scherspannung τ proportional zur Scherrate $\dot{\gamma} = dv/dx$. Es ergibt sich: $F/A = \tau = \eta \cdot \dot{\gamma}$. [3] Der Faktor η $[Pa \cdot s]$ wird dynamische Viskosität genannt.

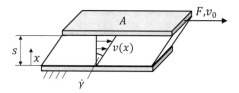

Abbildung 2-1: Zusammenhang zwischen Scherspannung und Scherrate

2.1.2 Newtonsches Verhalten

Ein Fluid mit sogenanntem newtonschen Verhalten wird newtonsches Fluid genannt. Bei diesen Fluiden wird davon ausgegangen, dass die Viskosität unabhängig von der Scherrate und weiteren Einflussparametern konstant ist. Hier gilt:

$$\tau \propto \dot{\gamma} \tag{2-1}$$

2.1.3 Nicht-newtonsches Verhalten

Fluide, welche nicht das newtonsche Verhalten aufweisen, werden nicht-newtonsche Fluide genannt. Bei diesen Fluiden zeigen sich beispielsweise scherratenabhängige Viskositäten. Häufig wird dabei wie folgt unterschieden:

- dilatantes Fluid (1)
- Newtonsches Fluid (2)
- Scherverdünnendes (pseudoplastisches) Fluid (3)
- Bingham-plastisches Fluid (4)
- Casson-plastisches Fluid (5)

© Springer Fachmedien Wiesbaden GmbH, ein Teil von Springer Nature 2018
M. Elfering, *Experimentelle Strömungsanalyse im gerührten Fermenter*,
Forschungsreihe der FH Münster, https://doi.org/10.1007/978-3-658-22486-8_2

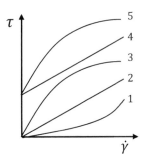

Abbildung 2-2:Fließkurven verschiedener Fluide (entsprechend obenstehender Liste)

Um diese Verhalten beschreiben zu können, werden komplexere Modellgesetze eingesetzt. Im Folgenden wird eine Auswahl dieser Modellgesetze für scherverdünnende Fluide (vgl. Abbildung 2-2: Fluid 3 sowie 5) aufgezeigt.

2.1.4 Potenzgesetz nach Ostwald und de Waele

Beim Potenzgesetz (Power-Law) nach Ostwald und de Waele wird die Viskosität durch zwei Parameter beschrieben, dem Konsistenzfaktor k sowie dem Fließindex m.

$$\tau = k \cdot \dot\gamma^m \qquad (2\text{-}2)$$
$$[3]$$

$$\eta = k \cdot \dot\gamma^{m-1} \qquad (2\text{-}3)$$

Dieses Modell beschreibt dabei jedoch lediglich den Potenzbereich (vgl. Abbildung 2-3 und Abbildung 2-2 Fluid 1…3) der Viskositätskurve und eignet sich daher nicht für alle Messbereiche und Fluide gleichermaßen.

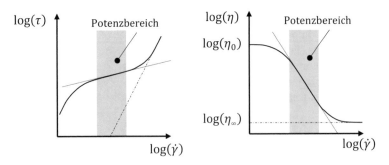

Abbildung 2-3: Fließ- und Viskositätskurve newtonscher u. scherverdünnender Fluide

2.1.5 Modellgesetz nach Herschel-Bulkley

Das Modellgesetz nach Herschel-Bulkley ermöglicht die Beschreibung von Casson-plastischen Fluiden (vgl. Abbildung 2-2 Fluid 5). Es ist vergleichbar zum Potenzgesetz nach Ostwald und de Waele aufgebaut, weist jedoch zudem eine Grenzschubspannung (auch Fließgrenze) τ_0 auf:

$$\tau = \tau_0 + k \cdot \dot{\gamma}^m \qquad (2\text{-}4)$$

[4]

2.1.6 Metzner-Otto-Konstante

Metzner und Otto untersuchten die laminare Strömung einer Rushton-Turbine. Im Umfang ihrer Arbeit beobachteten sie, dass sich die auf die Scherverdünnung wirksame effektive Scherrate $\dot{\gamma}_{MO}$ an der Turbine proportional zu ihrer Drehzahl n verhält [5]. Darauf basierend führten sie den geometrieabhängigen Faktor k_{MO} (Metzner-Otto-Konstante) ein:

$$\dot{\gamma}_{MO} = k_{MO} \cdot n \qquad (2\text{-}5)$$

Dieses Konzept hat sich aufgrund seiner Einfachheit in weiten Bereichen der Technik etabliert, obschon es häufig in der Kritik steht, da unter anderem die beobachtete Abhängigkeiten des Faktors von den Eigenschaften des Fluids nicht berücksichtigt werden [6].

2.2 Messgeräte

2.2.1 Rotationsviskosimeter

Das newtonsche Gesetz wird im Rotationsviskosimeter zur Bestimmung der Scherspannung $\tau = T/(2\pi r^2 H)$ und der daraus folgenden dynamischen Viskosität η genutzt. Das Viskosimeter besteht aus zwei Zylindern, von denen einer dreht und in dessen Spalt sich das Fluid befindet. Das Spaltmaß s ist dabei deutlich kleiner als die Radien der Zylinder ($r \gg s$). So wird das Modell zweier ausgedehnter parallel zueinander bewegter Platten angenähert. [3]

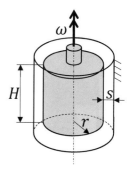

Abbildung 2-4: Schematische Darstellung eines Rotationsviskosimeter

Dieses kleine Spaltmaß macht die Vermessung von Fluiden mit Feststoffanteil mit diesem Messverfahren unmöglich, da die Partikel zu Festkörperreibung an den Wandungen sorgen. So resultiert das gemessene Moment nicht lediglich aus der Scherspannung sondern aus einer Mischreibung. Dadurch wird die Ermittlung der Viskosität unmöglich.

2.2.2 Turbidimeter

Zur Bestimmung der Trübheit von Flüssigkeiten können Turbidimeter eingesetzt werden. Der prinzipielle Aufbau dieses Trübheitsmessgerätes besteht aus einer Lichtquelle und einem senkrecht dazu ausgerichtetem Fotosensor (s. Abbildung 2-5). Dieses Turbidimeter misst die Reflexion des Lichtstrahls an den Partikeln. Die Einheit der hierbei ermittelten Trübung ist NTU (Nephelometric Turbidity Unit). [7]

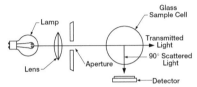

Abbildung 2-5:Schematische Darstellung eines Turbidimeters [8]

2.3 Scale-Up-Verfahren

Für die Untersuchungen der Strömung wird ein geometrisch verkleinerter Modellfermenter verwendet (Maßstab 1:40). Dies ist erforderlich, da Messungen im Originalfermenter bedingt durch die schlechte Zugänglichkeit und dem opaken Substrat mit faserigem Feststoffanteil nicht durchgeführt werden können. Um aus den Messungen am Modellfermenter Rückschlüsse auf den Originalfermenter ziehen zu können, gilt es ein geeignetes Scale-Up-Verfahren umzusetzen. Die geometrische Skalierung des Fermenters erfordert somit auch die Skalierung der rheologischen Eigenschaften wie der Viskosität und der Drehzahl, um das Strömungsbild und die Strömungsgeschwindigkeiten konstant zu halten. Einen Ansatz hierzu liefern Böhme und Stenger [9]. Sie beschreiben die Zusammenhänge zwischen der Drehzahl n, der dynamischen Viskosität η und der Dichte ρ wie folgt:

$$\frac{n_O}{n_M} = \frac{d_M}{d_O} \cdot \sqrt{\frac{\rho_M}{\rho_O}}$$

(2-6)
[9]

Hierbei beschreiben die Indices O die Eigenschaften des Originalsystems und M jene des Modellsystems. Die dynamische Viskosität η lässt sich skalieren zu:

$$\frac{\eta_O}{\eta_M} = \frac{d_O}{d_M} \cdot \sqrt{\frac{\rho_O}{\rho_M}}$$

(2-7)
[9]

Da das Originalfluid scherverdünnende Eigenschaften aufweist, welche mittels Modellgesetz nach Ostwald de Waele beschrieben werden kann, muss für die Skalierung der Konsistenzfaktor k_M und der Fließindex m_M der Modellfluide angepasst werden. Annas et al. übertrugen in ihrer Arbeit [10] die Zusammenhänge von Böhme und Stenger auf scherverdünnende Fluide gemäß Ostwald de Waele. Durch eine dimensionsanalytische Betrachtung ergibt sich für die Parameter m und k des Modellgesetzes folgender Zusammenhang:

$$m_M = m_O = m \qquad\qquad (2\text{-}8)$$
$$[10]$$

$$\frac{k_M}{k_O} = \left(\frac{d_M}{d_O} \cdot \sqrt{\frac{\rho_M}{\rho_O}} \right)^m \qquad\qquad \begin{array}{l}(2\text{-}9)\\ [10]\end{array}$$

2.4 Particle Image Velocimetry

Die Particle Image Velocimetry ist ein optisches und damit berührungsloses Messverfahren zur Bestimmung von Geschwindigkeiten von Partikeln in einem fließenden Fluid.

2.4.1 Versuchsaufbau

Das strömende Fluid wird seitlich mittels Linienlaser ausgeleuchtet, sodass lediglich Partikel in einem dünnen Messvolumen das einfallende Licht reflektieren. Eine senkrecht zur Laserebene positionierte Kamera erfasst diese Partikel (s. Abbildung 2-6). Das Messverfahren ist dadurch auf die Erfassung der Geschwindigkeitskomponenten in der Messebene beschränkt.

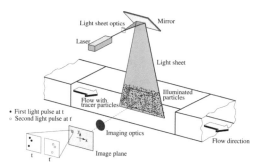

Abbildung 2-6: Schematische Darstellung des PIV-Verfahrens [11]

2.4.2 Auswertung mittels Kreuzkorrelation

Die aufgenommene Bildfolge der Kamera wird verwendet, um das Geschwindigkeitsfeld zu ermitteln. Hierzu werden die einzelnen Bilder in ein Raster von Auswertefenstern aufgeteilt. Die Helligkeitsverteilung I_i jedes Fensters wird mit jenem des zeitlich darauf folgenden Bildes I_{i+1} durch zweidimensionale Kreuzkorrelation verglichen. [12]

$$C_i(dx, dy) = \sum_{x=0, y=0}^{x<n, y<D_F} I_i(x, y) \cdot I_{i+1}(x + dx, y + dy)$$

(2-10)
[12]

$$\text{mit} - \frac{D_F}{2} < dx, dy < \frac{D_F}{2}$$

$C_i(dx, dy)$: Korrelation zwischen Bild i und i+1 bei einer Verschiebung von dx, dy

$I_i(x, y)$: Helligkeit des Bildpunktes der Stelle x, y des Bildes i

D_F: Kantenlänge des Auswertefensters

Der (größte) Peak dieser Korrelation entspricht dem Verschiebungsvektor der Partikel des Fensters (vgl. Abbildung 2-7) gemäß:

$$\vec{D}_i(x_0, y_0) = \text{Lage des größten Peaks von } C_i(x_0, y_0)$$

(2-11)
[12]

Diese Verschiebung $\vec{D}_i$ und die bekannte Zeit Δt zwischen den beiden Bildern liefert einen Geschwindigkeitsvektor $\vec{v}_i$ für diesen Bereich (s. Formel (2-12)).

$$\vec{v}_i(x_0, y_0) = \frac{\vec{D}_i(x_0, y_0)}{\Delta t}$$

(2-12)

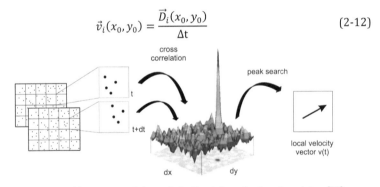

Abbildung 2-7: Bildauswertung: Schematische Darstellung der Kreuzkorrelation [12]

2.4.3 Sum-of-Correlation

Zur Bestimmung zeitlich gemittelter Strömung und einer nicht rauschfreien Messung können die Ergebnisse durch Summation der Korrelationsmatrizen (Sum-of-Correlation) größerer Bildfolgen gemittelt und damit verbessert werden (vgl. Formel (2-13)). Dies hat allerdings zur Folge, dass transiente Effekte nicht aufgelöst werden können. [12]

$$C_{avg}(x_0, y_0) = \sum C_i(x_0, y_0)$$

(2-13)
[12]

2.4.4 Auswertefenster

Um detailliertere Vektorfelder zu generieren, kann die Größe der Auswertefenster verkleinert werden. Dabei ist allerdings zu beachten, dass die Anzahl der Partikel bei kleinen Fenstern geringer ist. Diese Reduktion kann dazu führen, dass die tatsächliche Verschiebung nicht zuverlässig ermittelt werden kann, da hier der Peak der Kreuzkorrelation weniger eindeutig ausfallen kann. Das Auswertefenster sollte ebenfalls nicht zu groß gewählt werden. Ist die Geschwindigkeit der einzelnen Partikel innerhalb des Fensters deutlich voneinander verschieden, liefert die Kreuzkorrelation keine sinnvollen Ergebnisse (s. Abbildung 2-8a). In diesem Falle kann es beispielsweise dazu kommen, dass für das gesamte Fenster eine Verschiebung durch wenige aber optisch dominanten Partikeln eines lokalen Bereiches bestimmt wird. Typische Werte für die Fenstergröße sind 64x64, 32x32 und 16x16 Pixel^2 [13].

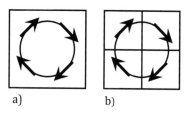

a)   b)

Abbildung 2-8: Maximale Größe der Auswertefenster - a) Auswertefenster wurde zu groß gewählt; b) Maximale Fenstergröße, welche sinnvolle Vektoren liefern kann [13]

Neben der Größe der Auswertefenster kann auch deren Überlappung angepasst werden. So kann der Abstand der Vektoren bei gleicher Fenstergröße reduziert werden, um die Anzahl der Vektoren zu erhöhen. Diese größere Vektordichte ist in der Lage, feinere Details der Strömung aufzulösen. Der Einfluss dieser beiden Parameter ist in Abbildung 2-9 erkennbar.

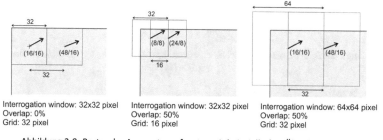

Interrogation window: 32x32 pixel
Overlap: 0%
Grid: 32 pixel

Interrogation window: 32x32 pixel
Overlap: 50%
Grid: 16 pixel

Interrogation window: 64x64 pixel
Overlap: 50%
Grid: 32 pixel

Abbildung 2-9: Raster der Auswertungsfenster mit beispielhafter Überdeckung [12]

Zusätzlich kann bei der Kreuzkorrelation eine Gewichtung der Partikel im Auswertefenster umgesetzt werden. Hierdurch werden die Partikel abhängig von ihrer Lage innerhalb des Fensters gewichtet. Ohne Verwendung einer Gewichtung leistet jeder Pixel des Fensters einen gleichwertigen Beitrag zur Korrelation. Eine kreisrunde gaußsche Gewichtung berücksichtigt beispielsweise Pixel im Zentrum stärker für die Bestimmung der Korrelation. Dies führt dazu, dass die Geschwindigkeitsvektoren besser mit den tatsächlichen lokalen Partikelverschiebungen übereinstimmen. Eine gewichtete Auswertung erfordert jedoch einen größeren Rechenaufwand.

2.4.5 Multi-Pass-Auswertung

Durch mehrfache Durchführung der Kreuzkorrelation (auch Multi-Pass) mit konstanten oder kleiner werdenden Fenstergrößen können die ermittelten Verschiebungen aus dem vorausgegangenen Durchgang dazu genutzt werden, beim nächsten Durchgang die Lage der Fenster des ersten und zweiten Bildes so zu wählen, dass sich eine größere Anzahl gemeinsamer Partikel ergibt, wodurch die Korrelation eine größere Zuverlässigkeit hat (vgl. Abbildung 2-10).

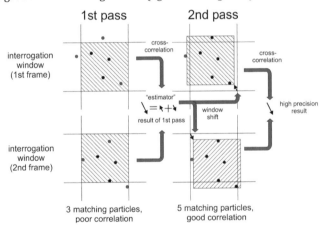

Abbildung 2-10: Schematisches Beispiel für eine Multi-Pass-Anwendung mit gleichbleibender Fenstergröße [12]

2.4.6 Seeding

Für die zuverlässige Auswertung spielt neben den Parametern der Kreuzkorrelation auch die Partikeldichte eine entscheidende Rolle. In der Literatur wird als Richtwert eine Partikeldichte von 0,05 Partikeln pro Pixel angegeben, sodass jeweils mehrere Partikel in einem Auswertefenster liegen ($N_I \gg 1$) [13]. Zur Veranschaulichung der Pixeldichten verschiedener Messverfahren sind in Abbildung 2-11 drei Beispiele dargestellt.

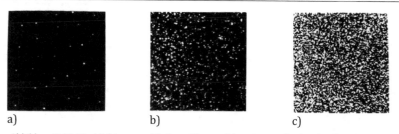

a)   b)   c)

Abbildung 2-11: Pixeldichten verschiedener Messverfahren im Vergleich - a) Hohe Partikeldichte (PTV); b) Mittlere Pixeldichte (PIV); c) Hohe Partikeldichte (LSV) [14]

Um bessere Ergebnisse bei der Kreuzkorrelation zu ermöglichen, darf die optische Größe der Partikel auf den Bildern nicht zu klein gewählt werden. Beträgt die Größe jedes Partikel beispielsweise lediglich einen Pixel, korreliert jeder Partikel lediglich bei einer einzigen Verschiebung. Dies führt bei der Auswertung zu scharfen unstetigen Peaks in der Korrelation (vgl. Abbildung 2-12a) und erlaubt keine Bestimmung der Verschiebung im Subpixelbereich. Auch die fehlerhafte Bestimmung der Verschiebung wird wahrscheinlicher. Liegt der Durchmesser der Partikel bei rund drei Pixel, ermöglicht dies gemäß Abbildung 2-12b eine bessere Bestimmbarkeit der Partikelverschiebung. [13]

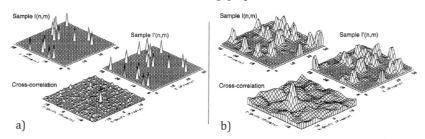

a)   b)

Abbildung 2-12: Einfluss der Partikelgröße schematisch dargestellt - a) Partikelgröße zu klein ($\approx$1 Pixel); b) Partikelgröße angemessen ($\approx$3 Pixel) [13]

2.4.7 Bildrate

Die Bildrate der Messung sollte so gewählt werden, dass die zu erwartenden Verschiebungen von einem Bild zum nächsten gut durch die Kreuzkorrelation bestimmt werden können. In der Literatur wird bei einer gegebenen Kantenlänge D_F eines Auswertefensters als Richtwert eine Verschiebung Δd zwischen zwei aufeinander folgenden Bildern

$$0{,}1 \text{ Pixel} < \Delta d < \frac{1}{4} D_F$$

(2-14)
[13]

angegeben [13].

2.5 Proper Orthogonal Decomposition

Die Proper Orthogonal Decomposition (kurz POD) ist ein Verfahren, mit dem eine zeitliche Folge von mehrdimensionalen Vektorfeldern in empirische Eigenvektorfelder zerlegt werden können [12]. Daher ist es in der Lage das zeitlich aufgelöste Vektorfeld der PIV-Auswertung auf dynamische Eigenschaften zu untersuchen. Eine Möglichkeit, dieses Verfahren zu realisieren stellt die Snapshot Methode dar. Die Vorgänge werden hierbei durch eine zeitlich diskrete Folge von n_{Felder} Eingangsvektorfelder $\left(V^{(1)}, V^{(2)}, ..., V^{(n_{Felder})}\right)$ mit jeweils l Zeilen und c Spalten abgebildet. Die Vektorfelder sind eine mit momentanen Geschwindigkeitsvektoren gefüllte Matrizen gemäß Formel (2-15).

$$V^{(k)} = \begin{bmatrix} V^{(k)}(x_1,z_1) & V^{(k)}(x_1,z_2) & \cdots & V^{(k)}(x_1,z_c) \\ V^{(k)}(x_2,z_1) & V^{(k)}(x_2,z_2) & & V^{(k)}(x_2,z_c) \\ \vdots & & \ddots & \vdots \\ V^{(k)}(x_l,z_1) & V^{(k)}(x_l,z_2) & \cdots & V^{(k)}(x_l,z_c) \end{bmatrix} \qquad \begin{matrix}(2\text{-}15)\\ [15]\end{matrix}$$

Diese Matrix lässt sich gemäß Formel (2-16) als Spaltenvektor ausdrücken.

$$\vec{V}^{(k)} = \begin{bmatrix} u^{(k)}(x_1,z_1) \\ u^{(k)}(x_2,z_1) \\ \vdots \\ u^{(k)}(x_l,z_c) \\ w^{(k)}(x_1,z_1) \\ w^{(k)}(x_2,z_1) \\ \vdots \\ w^{(k)}(x_l,z_c) \end{bmatrix} \qquad \begin{matrix}(2\text{-}16)\\ [15]\end{matrix}$$

wobei u und w die Vektorkomponenten in x- bzw. z-Richtung entsprechen. Diese umstrukturierten Eingangsvektorfelder werden dazu genutzt, eine Korrelationsmatrix $K \in \mathbb{R}^{M \times M}$ zu erstellen. Bei zweidimensionalen Vektoren gilt $M = 2lc$ und K ergibt sich zu:

$$K_{ij} = \frac{1}{n_{Felder}} \sum_{k=1}^{n_{Felder}} \vec{V}_i^{(k)} \vec{V}_j^{(k)} \qquad \begin{matrix}(2\text{-}17)\\ [16]\end{matrix}$$

mit der Anzahl n_{Felder} der Eingangsvektorfelder. Dabei beschreibt $\vec{V}_i^{(k)}$ die i-te Vektorkomponente vom Vektorfeld zum k-ten Zeitschritt. Durch Lösung des Eigenwertproblems dieser Matrix ergebenen sich die einzelnen Eigenvektoren $\vec{\Phi}_l$ sowie deren Eigenwerte λ_l mit l als Index der Eigenmoden. Die Eigenvektoren $\vec{\Phi}_l$ lassen sich analog zu Formel (2-15) und (2-16) zu Eigenvektorfelder Φ_l umstrukturieren. Die Eigenmoden werden entsprechend ihres Energieanteils, mit dem sie zur Gesamtströmung beitragen sortiert, sodass die erste Eigenmode den größten Energieanteil liefert. Der Koeffizient $a_l^{(k)}$ lässt sich durch

$$a_l^{(k)} = \vec{\Phi}_l \cdot \vec{V}^{(k)} \qquad (2\text{-}18)$$
$$[16]$$

berechnen und beschreibt den Anteil, welchen jedes Eigenfeld Φ_l zum k-ten Eingangsvektorfeld beiträgt. Dabei wird $a_k^{(l)}$ nach Formel (2-19) normiert.

$$\sum_k \left(a_k^{(l)}\right)^2 = 1 \qquad (2\text{-}19)$$

Dies lässt eine angenäherte Reproduktion der Eingangsfelder V_k mit Hilfe der Eigenvektorfelder Φ_l und dazugehörigen Koeffizienten $a_k^{(l)}$ zu:

$$V_k = \sum_{l=1}^{M} a_k^{(l)} \cdot \Phi_l \qquad (2\text{-}20)$$
$$[16]$$

2.6 Kreuzkorrelation zwischen zwei zeitabhängigen Signalen

Eine eindimensionale Kreuzkorrelation ermöglicht die Beschreibung der Korrelation von zwei Signalen bei verschiedenen Zeitverschiebungen zueinander und kann daher bei periodischen Signalen beispielsweise zur Bestimmung der Frequenz und der Phasenlage verwendet werden. Die Korrelation R_{xy} zweier diskret zeitabhängiger Signale x und y mit N' Messpunkten bei der Verzögerungen m' lässt sich durch Formel (2-21) bestimmen.

$$R_{xy}(m') = \begin{cases} \displaystyle\sum_{j=0}^{N'-m'-1} x_{j+m'} \cdot y_j & \text{für } m \geq 0 \\ R_{yx}(-m') & \text{für } m < 0 \end{cases} \qquad \begin{array}{c}(2\text{-}21)\\{[17]}\end{array}$$

Bei Signalen endlicher Länge kommt es bei der Betrachtung von extremen Verzögerungen zu einer geringen Überlappung der beiden Signale, woraus sich in diesem Bereich eine geringe Korrelation ergibt, obschon die überlappenden Bereiche potenziell gut übereinstimmen. Um diesem Effekt entgegen zu wirken, kann die unverzerrte (engl. unbiased) Korrelation wie folgt berechnet werden:

$$R_{xy,unbiased}(m') = \frac{R_{xy}(m')}{N' - |m'|} \qquad \begin{array}{c}(2\text{-}22)\\{[17]}\end{array}$$

3 Stand der Technik

3.1 Geschwindigkeitskriterium der Durchmischung

Die Prozesse eines Biogasfermenters erfordern einen ausreichenden Stoffaustausch innerhalb des Substrates. Zudem ist der sichere Feststofftransport von großer Bedeutung. Es können sich Feststoffe in ungenügend durchmischten Bereichen absetzen und stehen dem Prozess nicht weiter zur Verfügung. Untersuchungen von Jobst et al. [1] zeigen, dass sich Strömungsgeschwindigkeiten ab ca. 0,05 m/s positiv auf die Stoffaustauschprozesse und den Stofftransport auswirken. Auch wenn keine direkte Kausalität zwischen der Strömungsgeschwindigkeit und einer optimalen Durchmischung besteht, entspricht dieses Kriterium dem Stand der Technik. Im Folgenden wird daher dieses Geschwindigkeitskriterium zur Bewertung der Durchmischungsqualität genutzt.

3.2 Vorhandener Prüfstand und Messtechnik

Diese Arbeit beinhaltet unter anderem die konstruktive Weiterentwicklung und Anpassung des vorhandenen PIV-Prüfstandes des Modellfermenters des Strömungslabors der Fachhochschule Münster an die neuen Anforderungen. Dieser Fermenter ist aus Plexiglas gefertigt. Um verzerrungsarme Messungen von unten sowie den Seiten zu ermöglichen, ist der zylindrische Fermenter in einer quaderförmigen Einhüllung gefasst. Der sich ergebende Zwischenraum zwischen Einhüllung und Fermenter wird mit Wasser gefüllt. Plexiglas besitzt einen optischen Brechungsindex von $n_{re,PMMA} = 1,49$ [18] welcher denen der eingesetzten Modellfluide ähnelt ($n_{re,H_2O} = 1,33$; $n_{re,Glycerin} = 1,47$) [19]. Durch diese Ähnlichkeit wird die optische Verzerrung reduziert und damit die optische Lokalisierbarkeit der Partikel verbessert. Die inneren Abmessungen des zylindrischen Fermenters betragen 490 mm im Durchmesser und 245 mm in der Höhe.

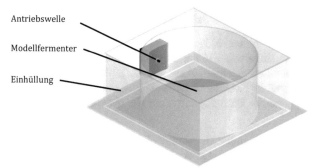

Antriebswelle

Modellfermenter

Einhüllung

Abbildung 3-1: Aufbau des eingesetzten Modellfermenters aus Plexiglas

© Springer Fachmedien Wiesbaden GmbH, ein Teil von Springer Nature 2018
M. Elfering, *Experimentelle Strömungsanalyse im gerührten Fermenter*,
Forschungsreihe der FH Münster, https://doi.org/10.1007/978-3-658-22486-8_3

Das eingesetzte Rührwerk ist geometrisch einem realen Paddelrührwerk mit einem Durchmesser d_O von 4200 mm nachempfunden und wurde im selben Maßstab von 1:40 wie der Fermenter verkleinert. Es besteht aus vier Paddeln, welche versetzt an einer gemeinsamen Achse angebracht sind (s. Abbildung 3-2). Der Außendurchmesser d_M des Modellrührers beträgt 105 *mm*.

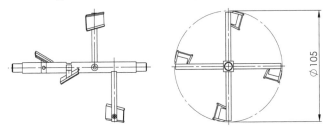

Abbildung 3-2: Geometrie des verkleinerten Paddelrührwerkes

Das Modellrührwerk ist zu Beginn der Arbeit fest im Fermenter positioniert und wird von dem Motor ViscoPakt Rheo 110 der Firma HiTEC ZANG über eine Welle angetrieben, welche durch eine gedichtete Durchführung in der Fermenterwand vom Rührwerk nach außen führt (s. Abbildung 3-1). Diese Antriebseinheit verfügt über eine Drehzahlregelung und Drehmomentmessung und hat folgende Leistungsdaten.

max. Drehmoment	110	Ncm
Auflösung	0,08	Ncm
Reproduzierbarkeit	0,8	Ncm
min. Drehzahl	30	min⁻¹
max. Drehzahl	2000	min⁻¹

Abbildung 3-3: Kennwerte des Antriebes ViscoPakt Rheo 110 der Firma HiTEC ZANG

Als Belichtungsmittel kommt der Nd:YAG-Laser PL.P532.800T-L45 der Firma Pegasus mit einer Wellenlänge von 532 nm und einer Nennleistung von 800 mW zum Einsatz. Der Laser besitzt eine fest installierte Linienoptik mit einem Abstrahlwinkel von 45° und einer Liniendicke von 0,5...2 mm. Alternativ dazu steht ein weiterer Laser derselben Baureihe mit einer Nennleistung von 400 mW zur Verfügung.

Für zukünftige Versuche soll zudem der Nd:YAG-Laser RayPower 5000 der Firma Dantec Dynamic mit einer Wellenlänge von 532 nm und einer Nennleistung von 5 W eingesetzt werden. Die zum Laser gehörenden Optiken ermöglichen neben

der Strahlumlenkung um 90° und dem punktförmigen Strahl auch einen Linien-
strahl, welcher für das PIV-Verfahren verwendet werden kann. Zwar wird dieser
Laser im Rahmen dieser Arbeit für die Messungen noch nicht eingesetzt, dennoch
soll eine geeignete Befestigungsmöglichkeit entwickelt werden, da der bestehende Aufbau keine Verstellung dieses Lasers in der Höhe parallel zum Boden ermöglicht.

Als Kamera wird die Highspeed-Kamera FASTCAM UX100 der Firma Photron mit
einem Objektiv der Firma Nikon mit einer Brennweite von 24 mm eingesetzt. Die
Kamera bietet eine Auflösung von 1280 Pixeln in der Breite sowie 1024 Pixeln in
der Höhe bei einer Bildrate von bis zu 4000 Bildern pro Sekunde. Um zu verhin-
dern, dass Partikel außerhalb der Laser-Ebene beleuchtet und damit erfasst werden, wird der Versuchsaufbau durch ein Laserschutzzelt abgedunkelt.

Als Partikel werden bei allen Messungen die hohlen Glaskugeln HGS-10 der Firma
Dantec Dynamics eingesetzt, welche einen durchschnittlichen Durchmesser von
10 µm haben. Um aussagekräftige Ergebnisse für die Geschwindigkeitsfelder ermitteln zu können, ist ein gutes Folgeverhalten der Partikel im eingesetzten Fluid
erforderlich. Als Maß für das Folgeverhalten gilt die dimensionslose Stokes-Zahl
St. Sie beschreibt das Verhältnis der partikelspezifischen stokeschen Relaxions-
zeit τ_P und dem charakteristischen Zeitmaß τ_F der Strömung. Zur Berechnung
der Stokes-Zahl ergibt sich die Formel

$$St := \frac{\tau_P}{\tau_F} \qquad\qquad (3\text{-}1)$$
$$[20]$$

mit

$$\tau_P = \frac{\rho_P \cdot D_P^2}{18 \cdot \eta}$$

und

$$\tau_F = \frac{L}{v_b}.$$

Hierbei beschrieben ρ_P und D_P die Dichte und den Durchmesser der Partikel. L
entspricht der charakteristischen Wirbellänge und v_b der Strömungsgeschwindigkeit.

Der Arbeit von Nehus ist zu entnehmen, dass sich die Stokes-Zahl in den betrachteten Fällen als $St \leq 0{,}0032$ ergibt [21]. Ist wie in diesem Fall die Stokes-Zahl
deutlich kleiner als 1 ($St \ll 1$), stellt sich ein sehr geringer Schlupf zwischen den
Partikeln und dem Fluid ein.

Zur Steuerung der Kamera und Durchführung der PIV-Auswertung wird die Software DaVis 8.3.1 der Firma LaVison eingesetzt. Mit Hilfe der Synchronisationseinheit PTU-X ist zudem ein wiederholtes computergesteuertes Auslösen von Bildfolge möglich. Als Trigger für die Bildfolgen können neben einer internen Uhr auch externe Signalgeber (z. B. eine Lichtschranke oder ein Winkelgeber) verwendet werden.

3.3 Vorausgegangene Versuche im Fachbereich

Neben Grundlagenuntersuchungen zum Messverfahren und der einzusetzenden Messmitteln von Heitkämper und Völker [22] wurden bereits Messungen mit verschiedenen Drehzahlen und Modellfluiden am Fermenter von Nehus [21] durchgeführt. Die Lage des Rührwerkes war bei diesen Messungen stets identisch: Die Achse des Paddelrührers ist in Richtung des Behältermittelpunktes ausgerichtet und das Rührwerk ist dicht an der Behälterwand positioniert (vgl. Rührwerkslage 1 in Abbildung 3-4).

In der Arbeit von Nehus wurden neben optischen Messungen auch Drehmoment-Drehzahlkurven ermittelt. Diese Leistungsmessungen (s. Tabelle 3-1) dienen als Orientierung zur Auslegung der Konstruktion in Kapitel 4.1.

	Leistung [W] bei		
	200 [min^{-1}]	400 [min^{-1}]	600 [min^{-1}]
Walocel 0,8%	1,3	6,2	18,9
Xanthan 0,5%	1,4	6,3	19,1
Glycerin	1,5	9,2	27,6

Tabelle 3-1: Gemessene Antriebsleistungen verschiedener Drehzahlen und Fluide - Rührwerkslage 1 [21]

Böckenfeld beschäftigte sich ein seiner Arbeit [23] mit der numerischen Untersuchung des Rührvorganges im Originalfermenter. Neben Grundlagenuntersuchungen führt er auch Untersuchungen zum Einfluss der Rührwerkslage auf das Strömungsbild durch. Hierzu führt er sechs Rührwerkslagen ein. Diese Lagen und Bezeichnungen gemäß Abbildung 3-4 werden für diese Arbeit übernommen und die Viskositäten werden an den verkleinerten Maßstab angepasst.

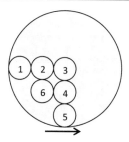

Abbildung 3-4: Schematische Darstellung der Rührwerkslagen mit den durch Böckenfeld eingeführten Bezeichnungen - Ausrichtung der Rührwerksachse entprechend Pfeil in horizontaler Richtung [23]

Darüber hinaus wird in seiner Arbeit das Strömungsbild während der Anlaufphase numerisch untersucht. Um die Entwicklung darzustellen, wird hier der momentane Volumenanteil, welche eine Strömungsgeschwindigkeit von 0,05 m/s überschreitet in Abhängigkeit der Zeit dargestellt (s. Abbildung 3-5). Die sich hierbei ergebenen Kurven beginnen bei null und nähern sich ihrem Endwert asymptotisch an.

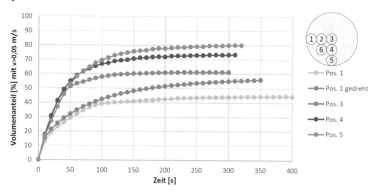

Abbildung 3-5: Volumenanteil mit Geschwindigkeiten über 5 cm/s bei verschiedenen Positionen [23]

Im Rahmen dieser Arbeit wird das Anlaufverhalten der Fermenterströmung in Anlehnung an dieses Auswerteverfahrens untersucht. Die Kenntnis des Anlaufverhaltens ist erforderlich, um die Einschaltzeiten des Rührwerkes optimal wählen zu können.

4 Konstruktive Anpassungen des Prüfstandes

Zur Untersuchung Rührwerkslageabhängigkeit des Strömungsfeldes ist es erforderlich, die Lage des Paddelrührwerkes möglichst frei wählen zu können. Außerdem soll für zukünftige Versuche eine Verstellung der Laserebene des RayPower 5000 Lasers parallel zum Fermenterboden ermöglicht werden. Der bisherige Aufbau des Prüfstands erlaubt dies nicht. Im Folgenden wird beschrieben, welche konstruktiven Änderungsmaßnahmen ergriffen werden, um dies zu realisieren.

4.1 Rührwerksverstellung und -antrieb

In diesem Abschnitt werden konstruktive Konzepte des Rührwerksantriebes aufgeführt, welche diese Anforderungen erfüllen können. Allen Konzepten gemein ist die Realisierung des Antriebes von oben in den Fermenterbehälter, um die freie Positionierung des Rührwerkes zu ermöglichen. Zur räumlich verstellbaren Befestigung dieser Rührwerkskomponenten wird eine Aluminiumprofilkonstruktion in Portalbauweise gewählt, welche auf das vorhandene Gestell aufbaut (s. Abbildung 4-1). Sie erlaubt eine weitestgehend ungehinderte Sicht auf die Strömung von den vier Seiten sowie der Unterseite, wo die PIV-Kamera primär positioniert wird.

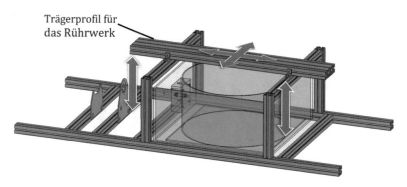

Abbildung 4-1: Verstellbarer Aufbau zur Befestigung der Rührwerkskomponenten

4.1.1 Biegsame Welle

Eine einfache Methode, die Antriebsleistung zum Rührwerk zu übertragen, ist der Einsatz einer biegsamen Welle, wie sie beispielsweise im Heimwerkerbereich Anwendung findet. Dabei kann der Antrieb auf dem Trägerprofil angebracht werden, während das Rührwerk durch zwei Lagerböcke in Lage gehalten wird (s. Abbildung 4-2).

© Springer Fachmedien Wiesbaden GmbH, ein Teil von Springer Nature 2018
M. Elfering, *Experimentelle Strömungsanalyse im gerührten Fermenter*,
Forschungsreihe der FH Münster, https://doi.org/10.1007/978-3-658-22486-8_4

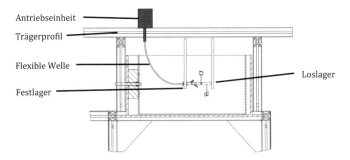

Antriebseinheit

Trägerprofil

Flexible Welle

Loslager

Festlager

Abbildung 4-2: Konzeptzeichnung eines Antriebes mittels biegsamer Welle

Der Vorteil ist, dass der Einfluss auf das Strömungsbild durch die Antriebswelle selbst als sehr gering einzuschätzen ist, da die Störkontur klein ausfällt. Auf Grund der einzuhaltenden Mindestbiegeradien der Wellen und der Notwendigkeit zweier zusätzlicher Lagerstellen ist jedoch die Bewegungsfreiheit des Rührwerks eingeschränkt. Der Bereich, in welchem der Laser beeinflusst wird ist entsprechend groß, wodurch dieses Konzept nur eingeschränkt für die Anwendung geeignet ist.

4.1.2 Riementrieb

Bei dem Konzept eines Riemenantriebs wird ein Zahnriemen in einem geschlossenen Gehäuse geführt. Dabei ist die Lagerstelle der Festseite direkt in diesem Gehäuse integriert und bietet selbst keinen großen zusätzlichen Strömungseinfluss dar (s. Abbildung 4-3).

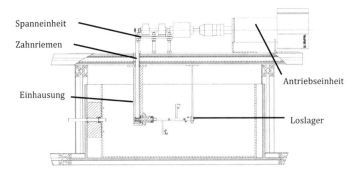

Spanneinheit

Zahnriemen

Antriebseinheit

Einhausung

Loslager

Abbildung 4-3: Konstruktive Umsetzung eines Riemenantriebes

Der Vorteil dieses Konzeptes ist die integrierte, sehr gute Lagerungsmöglichkeit des Rührwerkes beispielsweise durch Kugellager. Es lässt sich durch das abgedichtete Gehäuse ein optimaler Korrosionsschutz und sehr gute Dauerfestigkeiten erreichen. Dies geht jedoch auf Kosten des Strömungseinflusses, denn durch die Einhausung entsteht eine Versperrung in diesem Bereich. Abmessungen von weniger als 30x30mm sind kaum erreichbar. Eine offene Ausführung ohne Riemengehäuse ist nicht möglich, da es hierbei zu einer Förderung des Fluides aus dem Behälter heraus kommt und gleichzeitig ein Lufteintrag ins Fluid beim Wiedereintritt des Riemens auftritt. Die hierbei entstehenden Luftblasen beeinflussen die optischen Messungen. Aufgrund des zu erwartenden starken Einflusses dieses Konzeptes auf das Strömungsbild ist es lediglich eingeschränkt geeignet.

4.1.3 Kegelrad

Bei der Realisierung des Antriebs auf Basis eines Kegelrades ist der Verzicht auf ein Gehäuse möglich, vorausgesetzt die verwendeten Werkstoffe bieten einen ausreichenden Korrosionsschutz. Dies ermöglicht besonders kompakte Abmessungen. Der Vorteil, welcher daraus entsteht, ist ein minimierter Einfluss der Geometrie auf das Strömungsfeld und ein geringer Schattenwurf. Außerdem kann dieses Antriebskonzept besonders einfach und frei im Fermenter positioniert werden. Auch die Fertigung der Bauteile kann bei günstiger Wahl von Zukaufteilen einfach gestaltet werden, wodurch die Fertigungskosten und -zeiten reduziert werden. Aus diesen Gründen wurde dieses Konzept für die Realisierung des Antriebes ausgewählt. Die daraus entstandene Konstruktion ist in Abbildung 4-4 gezeigt.

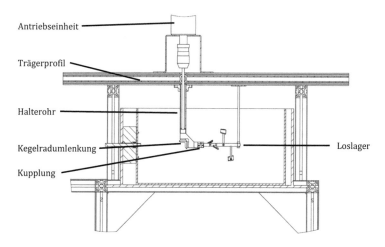

Abbildung 4-4: Finale Konstruktive Umsetzung des Rührwerksantriebes.

4.2 Anpassungen des Grundgestells

Das bestehende Grundgestell des Prüfstandes ist ein Provisorium, welches auf Labortischen aufgebaut (s. Abbildung 4-5). Es beinhaltet keine Befestigungsmöglichkeiten der Kamera oder des Lasers unterhalb des Fermenters. Auch der Abstand der Kamera zum Fermenterboden ist zu gering, um den vollen Fermenter abzubilden.

Abbildung 4-5: Versuchsaufbau zu Beginn dieser Arbeit

Um dies zu ändern, wird die Aluminiumprofilkonstruktion des bestehenden Aufbaus erweitert, sodass der Prüfstand frei stehend ausgeführt wird. Die High-Speed-Kamera kann direkt an dieser Konstruktion angebunden werden und frei in alle Raumrichtungen ausgerichtet werden. Das hierzu verwendete Trägerprofil ist darüber hinaus für die Aufnahme des Laserrahmens (s. Kapitel 4.3) geeignet und ermöglicht die Aufspannung vertikaler Laserschnittebenen.

Der erforderliche minimale Abstand g vom Objektiv zum Fermenterboden lässt sich aus Abbildung 4-6 mittels der allgemeinen Linsengleichung die Beziehung

$$g = f' \cdot \left(\frac{G}{B} + 1 \right) \tag{4-1}$$

ableiten. Für den zu wählenden Abstand der Kamera zum Fermenterboden g zur vollständigen Abbildung der Fermentergrundfläche mit dem Durchmesser $G = 500mm$ ist die minimale Sensorkantenlänge B von rund 10,2mm entscheidend. Bei der Verwendung des Objektives mit der Brennweite von $f' = 24\,mm$ ergibt sich aus Formel (4-1) der minimale Abstand zu: $g \geq 1200\,mm$.

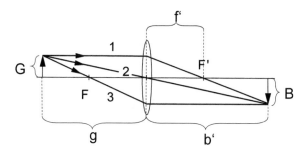

Abbildung 4-6: Schematische Darstellung des Strahlenganges einer konvexen Linse [24]

Durch die Umsetzung der oben aufgeführten Änderungen ergibt sich das neue Grundgerüst gemäß Abbildung 4-7.

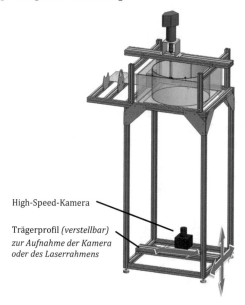

Abbildung 4-7: Konstruktive Umsetzung des Grundgerüstes

4.3 Konstruktion einer Laser-Verstellung

Da der lichtstärkere Laser RayPower 5000 aufgrund des hohen Gewichts nicht geeignet für ein Kamerastativ ist, aber bei zukünftigen Versuchen eingesetzt werden soll, ist eine geeignete Befestigung mit ausreichender Verstellmöglichkeit zu entwickeln. Um die Verschiebung der Laserebenen präzise und einfach zu realisieren, empfiehlt sich der Einsatz einer Linearführung. Durch die Montage an einem Trägerrahmen aus Konstruktionsprofilen (s. Abbildung 4-8) ist neben der Montage an einem eigenständigen Gerüst auch die sichere Montage an dem Grundgerüst des Fermenters sowie anderen Prüfständen einfach zu realisieren.

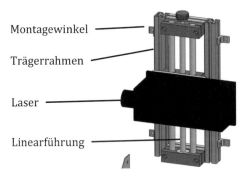

Montagewinkel

Trägerrahmen

Laser

Linearführung

Abbildung 4-8: Lasereinheit mit Linearführung zur Verstellung der Laserebene und Trägerrahmen zur Montage an Konstruktionsprofilen

Aufgrund des Abstrahlwinkels der Linienoptik ist eine Aufstellung des Lasers in einer Entfernung von rund 1,5 m zum Fermenter nötig, um diesen vollständig auszuleuchten. Es ist daher sinnvoll, ein freistehendes Grundgestell zur Montage des Trägerrahmens zu verwenden (s. Abbildung 4-9).

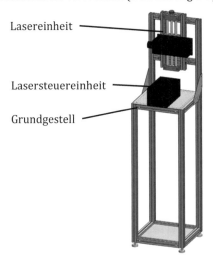

Lasereinheit

Lasersteuereinheit

Grundgestell

Abbildung 4-9: Lasereinheit montiert am freistehenden Grundgestell

5 Festlegung der allgemeinen Versuchsparameter

Bevor die Untersuchungen des Rührprozesses durchgeführt werden können, ist es erforderlich, die Versuchsparameter festzulegen.

5.1 Modellfluide

Zunächst gilt es, für den maßstäblich verkleinerten Fermenter ein geeignetes Modellfluid zu finden. Das eingesetzte Modellfluid muss einerseits einen geeigneten Viskositätsverlauf andererseits auch eine sehr gute Transparenz aufweisen, um die optischen Messungen des PIV-Verfahrens zu ermöglichen. Ebenfalls ist zur besseren Händelbarkeit ein gesundheitlich unbedenkliches Fluid auf Wasserbasis zu bevorzugen. Im Labor für Strömungstechnik bereits etablierte scherverdünnende Modellfluide sind Xanthan und Carboxymethylcellulosen (im weiteren Walocel genannt). Zusätzlich wurde in der Vergangenheit Glycerin als newtonsches Vergleichsfluid herangezogen. Daher werden diese drei Fluide im Folgenden auf deren Eignung untersucht.

5.1.1 Trübheitsmessungen

Fluide auf Xanthanbasis besitzen im Gegensatz zu Walocellösungen und Glycerin eine mit bloßem Auge sichtbare Trübung. Die Vermessung verschiedener xanthanbasierter Fluide wurden mit Hilfe des Trübheitsmessgerätes Turbiquant® 3000 IR durchgeführt und ergaben folgende Werte:

Fluid	Trübung [NTU]
Sala Xanthan Gum Transparent	18,36
Aliacura Xanthan Transparent	16,38
Keltron T Plus	9,51
Kelzan AP-AS	8,56

Tabelle 5-1: Trübungen bei 0,4% Massenanteil als wässrige Lösung

Diese Messungen zeigen die geringste Trübung von 8,56 NTU bei Kelzan AP-AS. Allerdings ist auch dieses Fluid für das optische Messverfahren bei der vorliegenden Fermenterabmessung zu trüb und ermöglicht aufgrund der starken Streuung des Laserlichtes keine zuverlässigen Messungen. Im Folgenden wird daher auf den Einsatz dieser Fluidfamilie verzichtet. Fluide auf Walocelbasis sowie Glycerin besitzen hingegen eine optimale Transparenz und sind daher für optische Messungen sehr gut geeignet.

© Springer Fachmedien Wiesbaden GmbH, ein Teil von Springer Nature 2018
M. Elfering, *Experimentelle Strömungsanalyse im gerührten Fermenter*,
Forschungsreihe der FH Münster, https://doi.org/10.1007/978-3-658-22486-8_5

5.1.2 Bestimmung des Fließverhaltens

Aus den Untersuchungen des realen Substrates „Fermenter 9,03% TS" von Koll [25] mit einem mittleren Feststoffanteil von 9,03% ergeben sie folgende Werte für die Parameter des Ostwald de Waele Modellgesetzes:

$$m_O = 0,3907 \tag{5-1}$$
[25]

$$k_O = 9,349 \; Pas^m \tag{5-2}$$
[25]

Es ist allerdings zu berücksichtigen, dass die Werte dieser Parameter sehr stark von der Zusammensetzung des Substrates abhängig sind und daher weit streuen.

Aus den Erkenntnissen zum Scale-Up von Annas et al. [10] (Formel (2-8) und (2-9)) führt dies zu folgenden idealen Modellfluidparametern:

$$m_{M,ideal} = m_O = 0,3907 \tag{5-3}$$

$$k_{M,ideal} = k_O \cdot \left(\frac{d_M}{d_O} \cdot \sqrt{\frac{\rho_M}{\rho_O}} \right)^m = 9,349 \cdot \left(\frac{105mm}{4200mm} \cdot \sqrt{\frac{1000 \frac{kg}{m^3}}{1000 \frac{kg}{m^3}}} \right)^{0,3907} \tag{5-4}$$

$$= 2,212$$

Vorausgegangene Messungen mit Hilfe des Rotationsviskosimeter RheolabQC der Firma Anton Paar ergeben als Werte für die Parameter k und m des Modellgesetz nach Ostwald de Waele für wässrige Walocellösungen:

Fluid	Massenanteil [%]	Konsistenzfaktor k [Pa s^{m-1}]	Fließindex m [-]
Walocel	0,6	0,969	0,559
Walocel	0,8	2,068	0,510

Abbildung 5-1: Parameter des Modellgesetzen nach Ostwald de Waele von Walocellösungen - gemessen mit RheolabQC der Firma Anton Paar

Wie in Abbildung 5-2 zu erkennen, ermöglicht Walocel bei einer Konzentration von 0,6% besonders im mittleren Scherratenbereich von $\dot{\gamma} \cong 100 \; s^{-1}$ die bestmögliche Annäherung an die Viskosität des idealen Modellfluides. Daher wird diese Konzentration als scherverdünnendes Modellfluid gewählt und neben dem newtonschen Vergleichsfluid Glycerin eingesetzt.

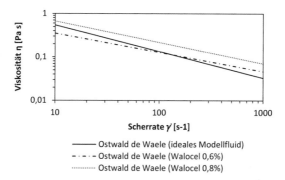

Abbildung 5-2: Verlauf der Viskositäten zweier Walocellösungen und des skalierten Realsubstrat gemäß Modellgesätz nach Ostwald de Waele

5.2 Drehzahlen

Da die Dichte des Realsubstrates bei $\rho_O \cong 1000 \frac{kg}{m^3}$ liegt und die einzusetzenden
Modellfluide als wässrige Lösungen ebenfalls mit der Dichte von $\rho_M \cong 1000 \frac{kg}{m^3}$
realisiert werden, ist das Verhältnis der Drehzahlen nach Formel (2-6) zu:

$$\frac{n_O}{n_M} = \frac{d_M}{d_O} \cdot \sqrt{\frac{\rho_M}{\rho_O}} = \frac{105mm}{4200mm} = \frac{1}{40}. \tag{5-5}$$

Die Drehzahl von $n_O = 10 \ min^{-1}$ (vgl. Anhang 5-1) des Originalrührwerkes liefert
somit eine Drehzahl von $n_M = 400 \ min^{-1}$ im Modellfermenter. Analog zur Arbeit
von Nehus [21] werden neben dieser Drehzahl auch $200 \ min^{-1}$ und $600 \ min^{-1}$
vermessen, was den Originaldrehzahlen n_O von $5 \ min^{-1}$ bzw. $15 \ min^{-1}$ entspricht. Diese Variation ermöglicht die Untersuchung der Drehzahlabhängigkeit
der Strömung.

5.3 Laserebenen

Für die Untersuchung der Strömung im Modellfermenter wird die Laserebene parallel zum Fermenterboden gewählt. Diese horizontalen Ebenen sind so ausgerichtet, dass die erwarteten Hauptströmungsrichtungen erfasst werden. Die gewählten Abstände der Laserschnittebenen zum Fermenterboden bei der Betrachtung der stationären Strömung und der Anlaufströmung sind an vorausgegangenen Messungen orientiert [21] und sind Abbildung 5-3 zu entnehmen.

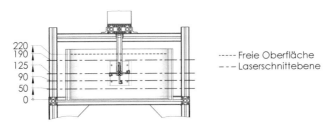

Abbildung 5-3: Lage der Laserebenen und Füllhöhe des Fermenters

5.4 Rührwerkslagen

Böckenfeld [23] führte für seine numerischen Untersuchungen des Strömungsbildes in seiner Arbeit sechs Rührwerkslagen ein (s. Kapitel 3.3). Da diese Untersuchungen mit den Abmessungen des Originalfermenters durchgeführt wurden, müssen seine Rührwerkspositionen maßstäblich an die Abmessungen des Modellfermenters angepasst werden. Zur Reduktion des Messaufwandes werden die Versuche auf die drei Extremlagen 1, 3 und 5 beschränkt. Die Untersuchung der Zwischenlagen 2, 4, 6 wurde im Rahmen dieser Arbeit nicht durchgeführt.

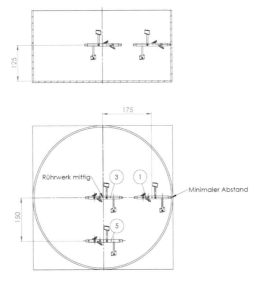

Abbildung 5-4: Gewählte Rührwerkspositionen 1, 3 und 5 (Bemaßte Referenzpunkte liegen mittig zwischen dem zweiten und dritten Paddel)

6 Einfluss der Rührwerkslage auf die stationäre Fermenterströmung

Im Folgenden werden die angewandten Maßnahmen und deren Ergebnisse erläutert, welche zur Ermittlung der Abhängigkeit des stationären Strömungsverhaltens von der Rührwerkslage und Drehzahl eingesetzt werden.

Ziel ist es dabei, qualitative sowie quantitative Aussagen über die stationäre Strömung im Fermenter während des Rührens bei den verschiedenen Bedingungen treffen zu können. Diese Erkenntnisse sollen dazu genutzt werden, die Durchmischung des Fermenters beurteilen und optimieren zu können.

6.1 Versuchsaufbau und -durchführung

Zur Bestimmung der stationären Strömung wird die Kamera und der 800 mW Laser (vgl. Kapitel 3.2) so postiotioniert, dass die gesamte Grundfläche des Fermenters belichtet und abgebildet wird.

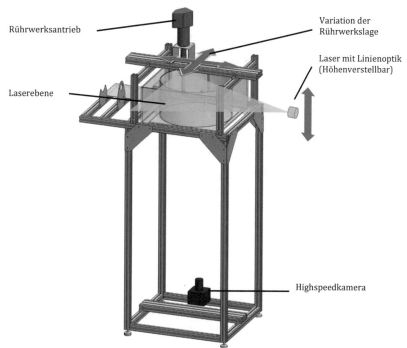

Rührwerksantrieb

Variation der Rührwerkslage

Laser mit Linienoptik (Höhenverstellbar)

Laserebene

Highspeedkamera

Abbildung 6-1: Schematischer Versuchsaufbau der Messreihe

© Springer Fachmedien Wiesbaden GmbH, ein Teil von Springer Nature 2018
M. Elfering, *Experimentelle Strömungsanalyse im gerührten Fermenter*,
Forschungsreihe der FH Münster, https://doi.org/10.1007/978-3-658-22486-8_6

Es werden die Fluide Walocel in einer Konzentration von 0,6 % sowie reines Glycerin untersucht (vgl. Kapitel 5.1).

Zur Festlegung der Bildrate nach Formel (2-14) [13] muss zunächst die Strecke bestimmt werden, welche bei der gewählten Kamera Position auf einen Pixel abgebildet wird. Bei der Pixelgröße $B = 10\ \mu m$ (s. Anhang 5-4) und den Parametern des mittleren Abstandes $g = 1350\ mm$ und der Brennweite $f' = 24\ mm$ gemäß Kapitel 4.2 ergibt sich aus Formel (4-1):

$$G_{Pixel} = B \cdot \left(\frac{g}{f'} - 1\right) = 0{,}55\ mm \tag{6-1}$$

Die zu erwartenden Strömungsgeschwindigkeiten liegen unterhalb der Umfangsgeschwindigkeit v_{tip} des Rührwerkes, welche sich bei der mittleren Drehzahl $n = 400\ min^{-1}$ wie folgt berechnet:

$$v_{tip} = d_M \cdot \pi \cdot n = 2{,}2\ \frac{m}{s} \tag{6-2}$$

Gemäß Formel (2-14) [13] ergibt sich bei einer Kantenlänge D_F des Auswertefensters des ersten Durchganges der Kreuzkorrelation von 64 Pixeln eine empfohlene maximale Verschiebung zwischen zwei Bildern von:

$$\Delta d = \frac{1}{4} \cdot D_F = 16\ \text{Pixel} \tag{6-3}$$

Wird die Bildrate anhand der Umfangsgeschwindigkeit gewählt, ergibt sich aus Formel (6-1) bis (6-3) die Bildrate FPS zu:

$$FPS = \frac{v_{tip}}{G_{Pixel} \cdot \Delta d} = 250\ Hz \tag{6-4}$$

Um auch kleine Geschwindigkeiten gut erfassen zu können, wird diese Bildrate von $250\ Hz$ gewählt und keine höhere gewählt. Außerdem wird eine Belichtungszeit von 2 ms gewählt, um ein Verschmieren der Partikel zu vermeiden.

Nach Befüllung des Fermenters und Hinzugabe der Tracer wird das Rührwerk in Postion gebracht und eine konstante Drehzahl wird eingestellt. Nach Verstreichen einer festgelegten Zeit von fünf Minuten wird der Laser eingeschaltet und die Kamera zeichnet eine Bildfolge von 350 Bildern auf. Dieser Prozess wird wiederholt, bis alle zu untersuchenden Laserschittebenen bei allen Rührwerkspositionen und Drehzahlen vermessen wurden. Betrachtet wurden die Drehzahlen 200 min^{-1}, 400 min^{-1} und 600 min^{-1} gemäß Kapitel 5.2, die Rührwerkslagen 1, 3 und 5 gemäß Kapitel 5.4 sowie die Laserebenen in einem Abstand von 90 mm und 125 mm zum Fermenterboden. Bei der Walocellösung wurden zudem noch die Laserebenen auf der Höhe 50 mm und 190 mm durchgeführt, sodass sich eine Versuchsreihe von insgesammt 54 Messungen ergibt.

Während den optischen Messungen wurden parallel Drehmomentmessungen mit Hilfe der Antriebseinheit durchgeführt und mitgeschrieben. Diese Messungen ergaben, bedingt durch das Antriebskonzept, besonders im Bereich niedriger Drehzahlen ($n < 100$) stark streuende, zum Teil negative Messwerte. Der Ursache hierfür ist in der Leerlaufdrehmomentkurve erkennbar, welche im Vergleich zum hydraulischen Moment hoch ausfällt und zudem gewisse Unstetigkeit aufweist (vgl. Abbildung 6-2).

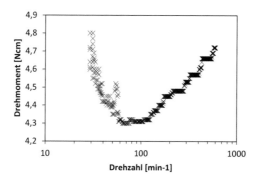

Abbildung 6-2:Leerlaufmoment der Antriebseinheit - Leerlauf entspicht der eingetauchten Rührwerkeinheit mit demontierten Paddelarmen in Walocel 0,6% - ermittelt mit Hilfe der Antriebseinheit ViscoPakt Rheo 110

Im Folgenden wird daher bei der Untersuchung niedriger Drehzahlen $n <$ 200 min^{-1} auf die Untersuchung der Drehmomente und Leistungen sowie die Erstellung der Leistungscharakteristik verzichtet. Um diese Untersuchungen zukünftig realisieren zu können, ist es sinnvoll, das Antriebskonzept anzupassen.

Im Folgenden sind die Messwerte und die daraus errechneten Leistungswerte für die untersuchten Drehzahlen der stationären Strömung zu finden:

Fluid [-]	Rührwerks-lage [-]	Drehzahl [1/min]	Drehmo-ment [Ncm]	Leistung [W]
Walocel 0,6 %	1	200	8,4	1,8
		400	22,7	9,5
		600	46,6	29,3
	3	200	5,4	1,1
		400	21,4	9,0
		600	46,5	29,2
	5	200	6,3	1,3
		400	20,7	8,7
		600	42,1	26,5
Glycerin	1	200	9,0	1,9
		400	24,1	10,1
		600	43,3	27,2
	3	200	9,2	1,9
		400	25,1	10,5
		600	45,2	28,4
	5	200	8,9	1,9
		400	25,3	10,6
		600	45,8	28,8

Tabelle 6-1: Drehmomente und Antriebsleistungen der verschiedenen Drehzahlen und Rührwerksla-gen abzüglich des Leerlaufes - Ermittelt mit Hilfe der Antriebseinheit ViscoPakt Rheo 110

6.2 Versuchsauswertung

Nachdem die optischen Messungen abgeschlossen sind, werden die aufgezeichne-ten Bilder durch ein Pre-Processing aufbereitet. Dies kann die Störeinflüsse redu-zieren, um zuverlässigere Ergebnisse erreichen zu können. Dazu wird ein Hellig-keitsoffset von 25 Zählern gewählt. Dies verringert die Helligkeit jedes Pixels um diesen Wert, sodass das sichtbare Sensorrauschen verschwindet. Zudem wird die lokal gemittelte Hintergrundhelligkeit subtrahiert (Skalenlänge = 32 Pixel), um Fluktuationen, welche beispielsweise durch Reflektionen verursacht werden, zu vermindern.

Anschließend wird die Kreuzkorrelation des PIV-Verfahrens durchgeführt, um aus den Bildfolgen Vektorfelder zu generieren. Bei dieser Versuchsreihe wurde eine Multi-Pass-Auswertung mit drei Durchgängen mit kleiner werdenden Fenstergrößen sowie Bildung der Korrelationssumme (Sum-of-Correlation) angewendet (vgl. Kapitel 2.4.3). Die hierbei verwendeten Parameter sind in Tabelle 6-2 dargestellt. Die Fenstergröße des ersten Durchganges wurde so gewählt, dass die maximal zu erwartenden Strömungsgeschwindigkeiten zuverlässig ermittelt werden können (vgl. Kapitel 6.1), um für die darauffolgenden Durchläufe die Verschiebung der Auswertefenster zu ermöglichen (vgl. Abbildung 2-10). Eine Reduktion der Fenstergröße der Durchgänge sowie die Anhebung der Überlappungen und die Anwendung einer Gewichtung ermöglicht es, feine Strukturen besser aufzulösen (vgl. Kapitel 2.4.4).

	Fenstergröße [Pixel²]	Gewichtung [-]	Überlappung [%]
1. Durchgang	64x64	Quadrat	50
2. Durchgang	32x32	Kreis	75
3. Durchgang	32x32	Kreis	75

Tabelle 6-2: Parameter der Kreuzkorrelation

Zur Reduktion der Auswertedauer wird eine kreisrunde Maske mit einem Durchmesser von 480 mm mittig im Fermenter gewählt, sodass die Kreuzkorrelation nur innerhalb dieses relevanten Bereiches mit dem Fermenter durchgeführt wird. Da der Durchmesser dieser Maske etwas kleiner ist als der des Fermenters, ist die Auswertung im äußeren Randbereich nicht möglich. Allerdings liefert eine Auswertung aufgrund der in der Plexiglaswand auftretenden Reflexionen in diesem Bereich ohnehin keine zuverlässigen Ergebnisse.

Auf ein Post-Processing der Vektorfelder wird für diese Auswertung verzichtet.

6.3 Qualitative Diskussion der Vektorfelder

Die Ergebnisse dieser PIV-Auswertung werden im Folgenden zunächst qualitativ an exemplarischen repräsentativen Messungen diskutiert. Weitere Strömungsfelder sind im Anhang A.2 dargestellt.

6.3.1 Qualitative Betrachtung verschiedener Rührwerkslagen

Bei der Betrachtung der Strömungsfelder unterschiedlicher Rührwerkslagen bei Glycerin ($\eta = const.$) in Abbildung 6-3 ist auffällig, dass das Fluid während des Rührvorganges primär axial beidseitig einströmt und radial bzw. tangential beidseitig ausströmt. Ein axialer Anteil im Abstrom ist kaum zu erkennen. Dies führt bei der zentralen Rührwerkslage 3 zu einer dominanten Ausbildung von vier jeweils entgegengesetzten Wirbeln ähnlicher Größe. Das stationäre Strömungsfeld ist also vertikal und horizontal annähernd symmetrisch. Bei den beiden Lagen 1 und 5 kann sich aufgrund der außermittigen Rührwerkspositionen jeweils lediglich eine der Symmetrien ausbilden.

Im Strömungsfeld des scherverdünnenden Fluides Walocel ist hingegen klar eine axiale Komponente des Abströmkanals erkennbar. Zwar lassen sich auch in diesem Strömungsfeld die vier Wirbel in Lage 3 ausmachen, allerdings sind diese sowohl von der Strömungsgeschwindigkeit als auch von der ausgedehnten Größe deutlich voneinander zu unterscheiden. Dies geht soweit, dass es bei der Rührwerkslage 5 zur Ausbildung eines einzigen dominanten Wirbels kommt, welcher den Fermenter nahezu vollständig ausfüllt. In diesem Fall ist keine Symmetrie zu beobachten.

Bei Messungen mit Walocel kommt es zudem zu Auffälligkeiten bei der Auswertung selbst. Es wird zum Teil in der Nähe der Wand eine höhere Geschwindigkeit ermittelt als erwartet. Diese Effekte entstehen durch erfasste Reflexionen und Schatten im Bild. Diese Reflektionen entstehen an der Fermenterwand und an der Fluidoberfläche. Letztere nahm auf die Auswertung bei Walocel einen größeren Einfluss, da hier die Oberfläche stärker gekrümmt wurde als bei den Messungen mit Glycerin.

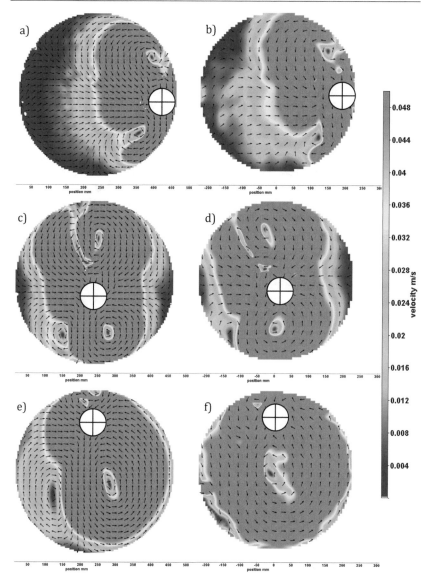

Abbildung 6-3: Vektorfelder verschiedener Rührwerkslagen in Glycerin und Walocel 0,6% - Drehzahl: 400min-1; Laserebene: 90mm; a) Glycerin, Lage 1 b) Walocel, Lage 1 c) Glycerin, Lage 3 d) Walocel, Lage 3 e) Glycerin, Lage 5 f) Walocel, Lage 5 – Rührwerkslage mit Kreuz markiert – Rührwerksachse horizontal

6.3.2 Qualitative Betrachtung verschiedener Drehzahlen

Wie Abbildung 6-4 erkennen lässt, wird das Strömungsbild beim Rühren von Glycerin mit den ausgeprägten Wirbeln von der Drehzahl primär betragsmäßig beeinflusst. Die Strömungsrichtungen hingegen sind nahezu konstant und unverändert. Dies hat zur Folge, dass auch die vier oben beschrieben Wirbel in Lage 3 bei allen untersuchten Drehzahlen zu gleichen Teilen ausgebildet werden. Auch bei den anderen Rührwerkslagen ergeben sich ähnliche Beobachtungen bezüglich der primär betragsmäßigen Drehzahlabhängigkeit des Strömungsfeldes bei Glycerin.

Die gezeigte Drehzahlabhängigkeit des Rührprozesses bei Walocel unterscheidet sich von jener bei Glycerin. Hier lässt sich beim Rühren erkennen, dass bei geringer Drehzahl ein primäres Ausströmen in radialer Richtung stattfindet ähnlich dem von Glycerin. Allerdings nimmt der axiale Anteil der Austrittsströmung mit steigender Drehzahl zu.

Da hierdurch die Zu- und Abströmrichtungen des Rührwerkes verändert werden, kann erwartet werden, dass sich im Falle eines scherverdünnenden Fluides die Strömungsgeschwindigkeiten im Fermenter nicht direkt proportional durch die Drehzahl steuern lassen wie bei einem newtonschen Fluid wie Glycerin. Diese Vermutung wird im Kapitel 6.4.1 weiter untersucht.

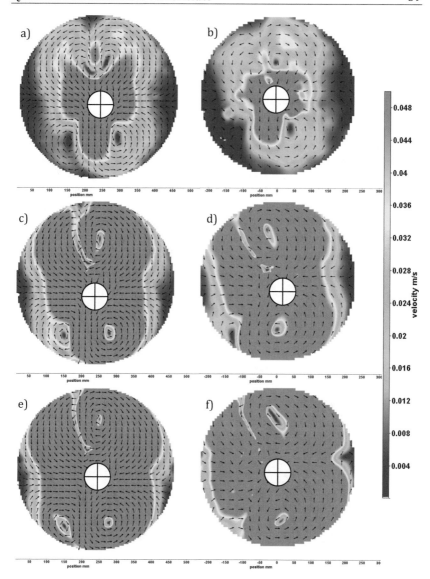

Abbildung 6-4: Vektorfelder verschiedener Drehzahlen in Glycerin und Walocel 0,6% - Lage: 3; Laserebene: 90mm; a) Glycerin, n=200 min^{-1} b) Walocel, n=200 min^{-1} c) Glycerin, n=400 min^{-1} d) Walocel, n=400 min^{-1} e) Glycerin, n=600 min^{-1} f) Walocel, n=600 min^{-1} – Rührwerkslage mit Kreuz markiert – Rührwerksachse horizontal

6.3.3 Qualitative Betrachtung verschiedener Laserschnittebenen

Die Messungen in Walocel wurden auf vier Schnittebenen durchgeführt. Es kann dadurch das zweidimensionale Strömungsbild abhängig von der dritten Raumrichtung senkrecht zur Bildebene dargestellt werden (vgl. Abbildung 6-5).

Hier ist zu erkennen, dass sich die Strömungsrichtung über sämtliche Laserschnittebenen eine geometrisch ähnliche aber nicht identische Form ausbildet. Allerdings ist dabei der Betrag der Vektoren nicht über das gesamte Fermentervolumen identisch. In dem in Abbildung 6-5 gezeigten Beispiel ist dies daran erkennbar, dass hier der rote Bereich mit $v \geq 0{,}05\,\frac{m}{s}$ auf der Höhe von 50 mm oberhalb des Bodens die gesamte Fermenterfläche einschließt. Auf der Höhe von 190 mm beschränkt sich der Bereich jedoch auf rund 60% der Grundfläche.

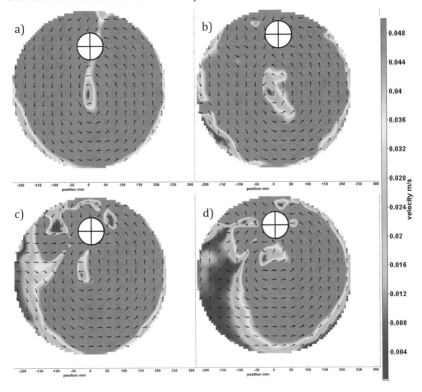

Abbildung 6-5: Vektorfelder verschiedener Laserschnittebenen in Walocel 0,6% - Lage: 5; Drehzahl: 400 min⁻¹; Laserschnittebene: a) 50 mm b) 90 mm c) 125 mm d) 190 mm – Rührwerkslage mit Kreuz markiert – Rührwerksachse horizontal

Auch bei anderen Rührwerkslagen wurde über die verschiedenen Laserschnitt-ebenen beobachtet, dass die Strömungsfelder geometrisch ähnlich aber mit be-tragsmäßigen Unterschieden ausfallen. Allerdings ist die Tendenz einer kleiner werdenden Geschwindigkeit mit steigendem Abstand zum Fermenterboden wie es im abgebildeten Beispiel Lage 5 der Fall ist, nicht grundsätzlich gegeben, son-dern variiert bei den Rührwerkslagen.

Auf Grund dieser qualitativ ähnlich ausgebildeten Strömung über alle Ebenen hin-weg ist die Überlegung naheliegend, für eine Bestimmung der Durchmischungs-güte lediglich einen Teil dieser Ebenen auszuwerten, um den Aufwand reduzieren zu können. Ob diese Vereinfachung sinnvoll anwendbar ist und welche Abwei-chungen sich daraus ergeben wird in Kapitel 6.4.2 diskutiert.

6.4 Quantitative Analyse

6.4.1 Statistische Diskussion der Vektorfelder

Eine der grundlegenden statistischen Bewertungskriterien eines Strömungsfel-des ist die durchschnittliche Strömungsgeschwindigkeit v_{mittel}. Diese kann zum Beispiel zur Abschätzung der kinetischen Fluidenergie im Rührprozess verwen-det werden. Allerdings ist dabei zu beachten, dass diese Vektorfelder nur einge-schränkte Aussagekraft über die absolute kinetische Energie bieten können. Das liegt daran, dass die Vektorfelder die Strömungsgeschwindigkeiten in direkter Wandnähe nicht zuverlässig abbilden. Hinzu kommt, dass die Vektoranteile senk-recht zur Bildebene nicht ermittelt und berücksichtigt werden. Auch wenn die er-wartete Hauptströmungsrichtung in der Bildebene liegt, ist aus diesen Gründen die gemittelte Geschwindigkeit in erster Linie für Vergleichszwecke der Messun-gen untereinander geeignet. Für die Bestimmung der mittleren Geschwindigkei-ten in Abbildung 6-6 und Abbildung 6-7 wurden jeweils die Ebenen 90 und 125 mm über dem Fermenterboden berücksichtigt. Dies ermöglicht die Ver-gleichbarkeit von Glycerin- und Walocelmessungen.

In der Abbildung 6-6 und Abbildung 6-7 ist erwartungsgemäß eine mit der Dreh-zahl steigende gemittelte Strömungsgeschwindigkeit zu erkennen. Bemerkens-wert ist hierbei, dass sich die Messwerte bei Glycerin und Walocel durch eine li-neare Regression beschrieben lassen, obschon die Steigungen der Geraden deut-lich lageabhängig sind. Zu beobachten ist zudem, dass die Geschwindigkeiten von Walocel deutlich höher ausfallen. Eine Erklärung hierfür ist die Viskosität der Flu-ide, welche beim scherverdünnenden Walocel gerade in der Rührwerksnähe ge-ringer ausfällt als beim newtonschen Glycerin. Diese geringere Viskosität führt zu schwächeren inneren Reibverlusten.

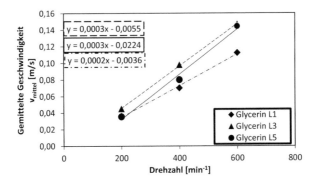

Abbildung 6-6: Gemittelte Strömungsgeschwindigkeit der Glycerinmessungen bei verschiedenen Drehzahlen und Rührwerkslagen

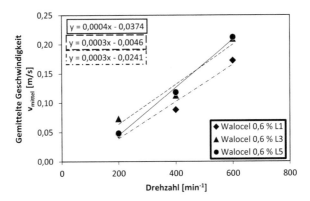

Abbildung 6-7: Gemittelte Strömungsgeschwindigkeit der Walocelmessungen bei verschiedenen Drehzahlen und Rührwerkslagen

Um besser abschätzen zu können, wie effizient die Rührbewegung in eine Fluid-geschwindigkeit bei verschiedenen Drehzahlen und Rührwerkslagen umgesetzt wird, ist die Betrachtung des dimensionslosen Quotienten der gemittelten Fluid-geschwindigkeit v_{mittel} zur Rührwerksumfanggeschwindigkeit v_{tip} hilfreich. Ein hoher Quotient beschreibt dabei eine effektive Übertragung der Rührwerksbewe-gung auf das Fluid.

Abbildung 6-8 sowie Abbildung 6-9 kann entnommen werden, dass sich in Rühr-werkslage 3 die Bewegung des Rührwerkes besonders gut auf die beiden Fluide überträgt. In Lage 1 ist dieses Übertragungsverhalten bei allen Messungen gerin-ger. Auffällig ist die Lage 5: Hier steigt das Übertragungsvermögen mit der Dreh-zahl. Sowohl bei Glycerin als auch Walocel kann dies beobachtet werden. Eine mögliche Erklärung für diesen Effekt ist, dass erst ab einer gewissen Drehzahl eine fermenterfüllende Strömung ausgebildet wird, welche für das Rührwerk gute An- und Abströmbedingungen bereitet.

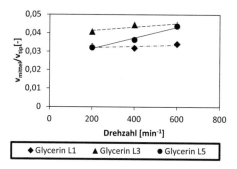

Abbildung 6-8: Quotient der gemittelten Geschwindigkeit zur Rührwerksumfanggeschwindigkeit als Kennwert für die Effektivität des Rührvorganges in Glycerin

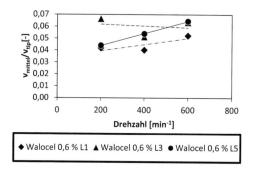

Abbildung 6-9: Quotient der gemittelten Geschwindigkeit zur Rührwerksumfanggeschwindigkeit als Kennwert für die Effektivität des Rührvorganges in Glycerin

Das konstante Niveau des Quotienten bei den Lagen 1 und 3 bei Glycerin zeigt den proportionalen Zusammenhang zwischen gemittelter Geschwindigkeit und Rührwerksumfanggeschwindigkeit an. Die Vermutung aus Kapitel 6.3.2, dass die Strömungsgeschwindigkeit bei Glycerin optimal über die Drehzahl gesteuert werden kann, wird dadurch gestützt. Zwar lassen sich auch bei Walocel die Geschwindigkeit durch die Drehzahl kontrollieren eine direkte Proportionalität ist hier jedoch lediglich im geringeren Maße zu erkennen, denn der Quotient v_{mittel}/v_{tip} lässt sich nur mäßig durch eine lineare Regression beschreiben. Eine mögliche Begründung für diese Beobachtung lässt sich Abbildung 6-4 entnehmen: Bei Walocel ändert sich bedingt durch die Scherverdünnung drehzahlabhängige An- und Abströmbedingungen des Rührwerkes; so steigt ausschließlich bei Walocel der axiale Anteil des Abstroms mit der Drehzahl.

Um einen größeren Informationsgewinn über das Geschwindigkeitsfeld zu erreichen, ist es möglich, ein Geschwindigkeitshistogramm zu erstellen (s. Abbildung 6-10). Auffällig ist hierbei, dass die Häufigkeiten der gemessenen logarithmierten Geschwindigkeiten sehr gut durch die Dichtefunktion $f(v)$ einer Normalverteilung beschrieben werden kann. Dies gilt für sämtliche Messungen beider Fluide analog zu Abbildung 6-12, was an Hand der hohen Bestimmtheitsmaße ($R^2 > 0{,}98$) in Anhang 1-1 nachvollzogen werden kann. Als Regression ergibt sich:

$$f(v) := \frac{1}{\sqrt{2\pi\sigma^2_{\ln(v)}}} \exp\left(-\frac{\left(ln(v) - \mu_{\ln(v)}\right)^2}{2\sigma^2_{\ln(v)}}\right) \qquad \begin{array}{r}(6\text{-}5)\\ [26]\end{array}$$

mit

$$\mu_{\ln(v)} := \frac{1}{n'} \sum_{i=1}^{n'} \ln(v_i)$$

$$\sigma_{\ln(v)} := \sqrt{\frac{1}{n'-1} \sum_{i=1}^{n'} \left(\ln(v_i) - \mu_{\ln(v)}\right)^2}$$

n': Anzahl der Vektoren

v_i: Betrag der Einzelnen Vektoren

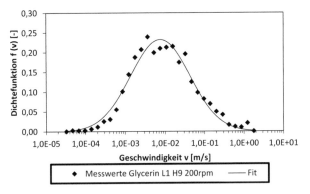

Abbildung 6-10: Logarithmisches Geschwindigkeitshistogramm mit Regression der Messung: Glycerin; Lage: 1; Schnittebene: 90 mm; Drehzahl: 200 min^{-1}

Durch Kumulation der auftretenden Häufigkeiten der Geschwindigkeitsklassen sowie Integration der Dichtefunktion kann die Geschwindigkeitsverteilungsfunktion $F(v)$ gemäß Formel (6-6) erstellt werden (s. Abbildung 6-11). Diese Kurve ermöglicht es, zu bestimmen, wie groß der Anteil der Vektoren ist, welcher unterhalb einer gegebenen Geschwindigkeit liegt.

$$F(v) := \Phi\left(\frac{\ln(v) - \mu_{\ln(v)}}{\sigma_{\ln(v)}}\right) \tag{6-6}$$

Mit $\Phi(\cdot)$ als Verteilungsfunktion der Standardnormalverteilung $\mathcal{N}(0;1)$ ergibt sich:

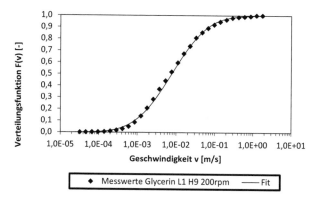

Abbildung 6-11: Logarithmische Verteilungsfunktion mit Regression der Messung: Glycerin; Lage: 1; Schnittebene: 90 mm; Drehzahl: 200 min-1

Bei der Betrachtung des Histogramms verschiedener Drehzahlen im scherverdünnenden Walocel wird deutlich, dass parallel zum wachsenden Mittelwert $\mu_{\ln(v)}$ der Geschwindigkeit die Standardabweichung $\sigma_{\ln(v)}$ der logarithmierten Geschwindigkeiten sinkt (s. Abbildung 6-12 und Abbildung 6-13). Eine geringe Standardabweichung ist ein Zeichen für eine homogene Geschwindigkeitsverteilung im Fermenter. Das relative Verhältnis des Betrages schnellströmender Geschwindigkeitsanteile zum Betrag langsam strömender Anteile nimmt hier mit steigender Drehzahl ab, wodurch die Geschwindigkeitsverteilung homogener wird. In diesem Verhalten ist auch die Tendenz zur Kavernenbildung scherverdünnender Fluide begründet.

Bei Glycerin hingegen ist dieser Trend der Standardabweichung nicht zu beobachten (s. Abbildung 6-14), was damit zu erklären ist, dass das gesamte Geschwindigkeitsfeld bei einem Fluid mit newtonschen Verhalten mit der Drehzahl gleichermaßen skaliert. Hier bleiben die Verhältnisse der Geschwindigkeitsverteilung somit nahezu konstant. Diese Erkenntnisse decken sich mit den Beobachtungen aus Kapitel 6.3.2.

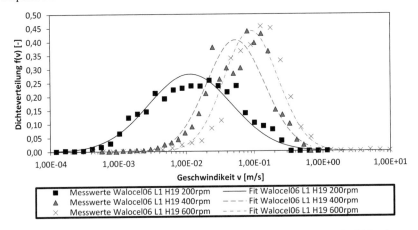

Abbildung 6-12: Logarithmisches Geschwindigkeitshistogramm mit Regressionen der Walocelmessungen bei verschiedenen Drehzahlen und Lage: 1; Schnittebene: 190 mm

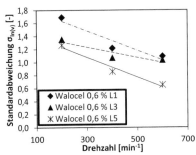

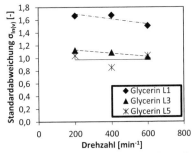

Abbildung 6-13: Standardabweichung der logarithmierten Geschwindigkeit in Abhängigkeit der Drehzahl bei Walocel 0,6%

Abbildung 6-14: Standardabweichung logarithmierten Geschwindigkeit in Abhängigkeit der Drehzahl bei Glycerin

Eine vollständige Liste der Werte für die Parameter der Normalverteilungen aus den Messungen sind dem Anhang 1-1 zu entnehmen. Das hier aufgeführte Bestimmtheitsmaß beschreibt die hohe Güte der Regression der Verteilungsfunktion.

6.4.2 Bewertung der Durchmischung mittels Geschwindigkeitskriterium

Das Geschwindigkeitskriterium von Jobst et al. [1] kann zur Abschätzung des durchmischten Fermentervolumen genutzt werden (vgl. Kapitel 3.1). Da im Rahmen dieser Arbeit lediglich zweidimensionale Vektoren bestimmt wurden, ist der absolute Geschwindigkeitsbetrag aufgrund der fehlenden Informationen über die dritte Dimension nicht vollständig bestimmbar. Allerdings werden die Hauptströmungskomponenten in der betrachteten Ebene erwartet, dennoch fallen die ermittelten Geschwindigkeitsbeträge in jedem Fall geringer aus als die tatsächlichen in drei Dimensionen. Daher ist diese Form der Auswertung primär für Vergleiche untereinander und nicht zur Bestimmung eines absoluten Wertes geeignet.

Da das Geschwindigkeitskriterium keine scharfe Grenze zwischen durchmischten und nicht durchmischten Bereich darstellt, wird der Flächenanteil χ, welcher diese Grenze überschreitet nicht unmittelbar durch die Messwerte sondern über die Verteilfunktion der Normalverteilung bestimmt (s. Formel (6-7) und Abbildung 6-15).

$$\chi(v) := 1 - \Phi\left(\frac{\ln(v) - \mu}{\sigma_{\ln(v)}}\right) \ mit \ v = 0{,}05\,\frac{m}{s} \tag{6-7}$$

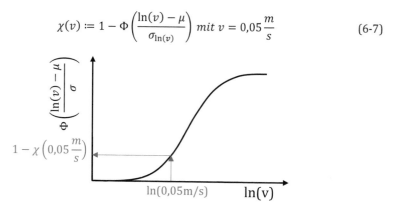

Abbildung 6-15: Graphische Darstellung der Bestimmung des durchmischten Anteils χ mittels Verteilungsfunktion

Zur Reduktion des Messaufwandes wurden für diese Betrachtung die Laserschnittebenen 90 und 125 mm über dem Boden berücksichtigt. Der in Abbildung 6-16 und Abbildung 6-17 dargestellte Anteil ergibt sich aus den arithmetischen Mittel dieser beiden Ebenen. Im weiteren Verlauf dieser Arbeit wird auf die Zulässigkeit dieser Vereinfachung eingegangen.

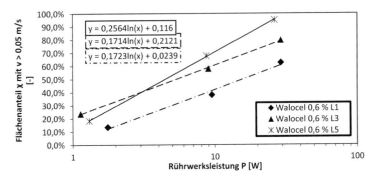

Abbildung 6-16: Anteil der Vektoren, welche einen Betrag über der Grenze von 0,05 m/s besitzen –
Walocel 0,6%

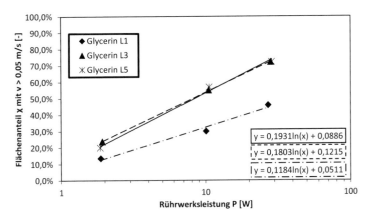

Abbildung 6-17: Anteil der Vektoren, welche einen Betrag über der Grenze von 0,05 m/s besitzen –
Glycerin

Das scherverdünnende Walocel zeigt einen tendenziell höheren Anteil χ als Glycerin bei näherungsweise gleichem Leistungseintrag. Der Grund hierfür ist in der geringeren scheinbaren Viskosität im Rührwerksbereich zu finden. Bei beiden Fluiden ist auffällig, dass sich die Durchmischung in Abhängigkeit der Leistung sehr gut durch eine logarithmische Regression annähern lässt.

Daraus resultiert allerdings auch, dass der Quotient aus dem durchmischten Anteil χ und der Rührwerksleistung P mit zunehmender Leistung sinkt (vgl. Abbildung 6-18). Dieser Quotient kann als Indikator für die Effizienz des Rührvorganges verstanden werden und sollte idealerweise hoch ausfallen. Andererseits ist gleichzeitig auch ein möglichst großer Wert für χ anzustreben (vgl. Abbildung

6-16 und Abbildung 6-17). Bei der Auslegung eines Rührwerkes ist ein Kompromiss dieser beiden konkurrierenden Ziele zu finden. Auch bei der Betrachtung des Quotienten zeigt sich in Lage 5 erst bei hohen Drehzahlen ein besseres Ergebnis als in den anderen beiden Lagen, wie es bereits bei der gemittelten Geschwindigkeit festzustellen war. Daher ist diese Lage besonders für höhere Leistungen und Drehzahlen geeignet.

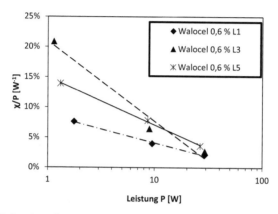

Abbildung 6-18: Quotient χ/P in Abhängigkeit der Rührwerksleistung P – Beschreibt, wie wirksam die Rührwerksleistung zur Durchmischung bei Walocel beiträgt

Bei der Betrachtung der Anteile χ in unterschiedlichen Höhen stellen sich die Laserebenen von 90 und 125 mm als gutes Mittelmaß für alle der vermessenen Ebenen dar (s. Abbildung 6-19), was die Zulässigkeit dieser vereinfachten Auswertung plausibilisiert.

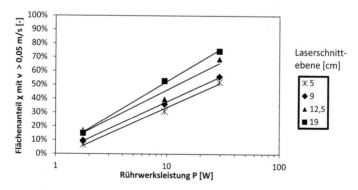

Abbildung 6-19: Anteil der Vektoren, welche einen Betrag über der Grenze von 0,05 m/s besitzen, für Messungen verschiedener Schnittebenen und Leistungen - Walocel 0,6%; Lage 1

Um die Güte der vereinfachten Auswertung bewerten zu können, werden ihre Ergebnisse mit denen einer räumlich höher aufgelösten Auswertung verglichen. Um einen Anteil χ zu ermitteln, welcher bestmöglich den realen volumetrischen Wert beschreibt, sollte eine geeignete Gewichtung der vier Laserschnittebenen eingeführt werden. Jeder Ebene wird der Volumenanteil zugeordnet, welche ihr am nächsten ist. Es ergibt sich aus den Maßen (vgl. Kapitel 5.3) folgende Gewichtung:

Ebene [cm]	Volumetrische Gewichtung [-]
5	31,8%
9	17,1%
12,5	22,7%
19	28,4%

Tabelle 6-3: Volumetrische Gewichtung der Laserschnittebenen

Wird der Anteil, dessen Geschwindigkeit über 0,05 m/s liegt, für jede der vier Ebenen ermittelt und anschließend mit obenstehender Gewichtung aufaddiert, ergibt sich das Bild wie in Abbildung 6-20 gezeigt. Hier sind zum Vergleich die Werte der vereinfachten Auswertung eingezeichnet.

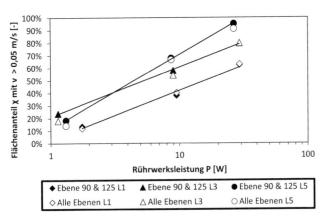

Abbildung 6-20: Vergleich der vereinfachten und vollständigen Auswertung zur Ermittlung des Anteiles χ – Walocel 0,6%

In Abbildung 6-20 ist zu erkennen, dass sich die ermittelten Werte der vereinfachten und der volumetrisch gewichteten Auswertung lediglich gering unterscheiden. Daher ist die vereinfachte Methode für den hier untersuchten Drehzahlbereich als hinreichend anzusehen.

6.5 Zwischenfazit

Zusammenfassend lässt sich festhalten, dass der durchmischte Bereich nach dem Geschwindigkeitskriterium bei allen Lagen und Fluiden linear zum Logarithmus der Rührwerksleistung zunimmt. Die Folge daraus ist, dass bei hohen Drehzahlen der Leistungsbedarf pro durchmischtes Volumen größer ausfällt. Dabei ist jedoch zu berücksichtigen, dass die Drehzahl nicht beliebig reduziert werden kann, da ansonsten lediglich eine lokale Strömung und damit geringe Durchmischung erreicht wird. Auch kann keine Aussage darüber getroffen werden, ob dieser logarithmische Zusammenhang über die Grenzen der hier untersuchten Drehzahlen extrapoliert werden kann.

Im Bereich hoher Drehzahlen ($n_M \geq 400\ min^{-1}$) eignet sich die wandnahe Rührwerkslage 5 besonders gut und liefert die beste Umwälzung aller untersuchten Lagen. Dies ist damit zu erklären, dass sich bei dieser Lage oberhalb einer Grenzfrequenz ein fermenterfüllender Wirbel ausbildet. Im Bereich kleinerer Drehzahlen ($n_M \leq 200\ min^{-1}$) liefert hingegen die Rührwerkslage 3 das beste Mischungsvermögen der drei Lagen.

Eine Beschränkung der Messreihe auf die zwei Laserschnittebenen (90 mm und 125 mm über dem Fermenterboden) zur Beurteilung der Durchmischung nach dem hier beschriebenen Verfahren ist bei zukünftigen Messungen zulässig und sinnvoll, um den Messaufwand reduzieren zu können. Die Werte dieser beiden Laserebenen repräsentieren den Zustand des gesamten Fermenters sehr gut.

Es ist zu berücksichtigen, dass die Durchmischung auf Basis eines Geschwindigkeitskriteriums gemäß des Standes der Technik bestimmt wurde. Weitere mögliche Einflussfaktoren wie beispielsweise Scherraten wurden nicht untersucht.

7 Untersuchung der transienten Anlaufströmung

Da Rührwerke, welche in Biogasfermentern eingesetzt werden, in vielen Fällen nicht ununterbrochen betrieben werden, ist das transiente Verhalten der Strömung nach dem Einschalten des Rührwerkes von Interesse für die Auslegung der Rührwerksgeometrie und Wahl der Rührwerkslage. Im Folgenden wird dieses Verhalten untersucht und es werden hierzu verwendete Messverfahren beschrieben. Ziel ist es, die Zeit nach Einschalten des Rührwerkes bis zum Erreichen einer stationären Strömung zu bestimmen. Dies ermöglicht einen Vergleich der einzelnen Rührwerkslagen untereinander und kann zudem für die Optimierung der Einschaltzeiten genutzt werden.

7.1 Versuchsaufbau und -durchführung

Der Versuchsaufbau mit allen eingesetzten Messmitteln gleicht dem zur Bestimmung der stationären Strömung (vgl. Kapitel 6.1).

Bei der Durchführung wird auf die Höhenverstellung der Laserebenen verzichtet und eine konstante Höhe von 90 mm über dem Fermenterboden vermessen. Um den Einfluss der Messhöhe auf die Ergebnisse ausschließen zu können, wird eine Vergleichsmessung auf einer Höhe von 125 mm durchgeführt (s. Kapitel 7.5). Als Versuchsparameter werden analog der Untersuchung der stationären Strömung die Drehzahlen 200 min^{-1}, 400 min^{-1} und 600 min^{-1} und die Rührwerkslagen 1, 3 und 5 jeweils mit Walocel und Glycerin durchgeführt, sodass sich eine Versuchsreihe von insgesamt 19 Messungen ergibt.

Um die zeitliche Entwicklung der Strömung zu untersuchen, werden die Messungen in mehrere Zyklen eingeteil, welche anschließend mittels PIV separat ausgewertet werden. Jede Messung besteht aus 100 Zyklen mit einer Zyklenrate von 8 Hz. Ausgelöst werden diese durch den internen Trigger der PTU-X. Dies ermöglicht bei einer Belichtungszeit von 2 ms und einer Bildrate von 250 Hz 29 Bilder pro Zyklus (s. Abbildung 7-1).

Nach dem Start der Aufnahmen wird das Rührwerk eingeschaltet. Da die Verzögerung zwischen Aufnahmebeginn und Rührwerksanlaufen nicht exakt konstant gehalten werden kann, muss bei der Auswertung jeder Messung durch Sichtung der aufgezeichneten Bildfolge der exakte Zeitpunkt, zu welchem die Rührwerksdrehung beginnt, bestimmt werden.

© Springer Fachmedien Wiesbaden GmbH, ein Teil von Springer Nature 2018
M. Elfering, *Experimentelle Strömungsanalyse im gerührten Fermenter*,
Forschungsreihe der FH Münster, https://doi.org/10.1007/978-3-658-22486-8_7

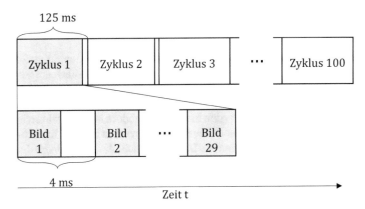

Abbildung 7-1: Schematische Darstellung des Messablaufes

7.2 Versuchsauswertung

Nach der Durchführung der Messungen wird die Kreuzkorrelation des PIV-Verfahrens auf jeden Zyklus angewendet. Es wird eine Multi-Pass-Auswertung mit drei Durchgängen und kleiner werdenden Fenstergrößen und Bildung der Korrelationssumme (Sum-of-Correlation) durchgeführt, sodass pro Zyklus ein Vektorfeld erzeugt wird. Die hier verwendeten Parameter sind:

	Fenstergröße [Pixel^2]	Gewichtung [-]	Überlappung [%]
1. Durchgang	96x96	Quadrat	50
2. Durchgang	48x48	Kreis	75
3. Durchgang	48x48	Kreis	75

Tabelle 7-1: Parameter der Kreuzkorrelation

Analog zur Auswertung der stationären Strömung werden eine kreisrunde Maske mit einem Durchmesser von 480 mm mittig im Fermenter und ein Pre-Processing der Bilder gewählt.

7.3 Ergebnisse der PIV

Die Ergebnisse aus der Particle Image Velocimetry lassen die Entwicklung der Fermenterströmung während des Anlaufens erkennen. Zunächst ist lediglich das messtechnisch bedingte Grundrauschen der Vektoren mit geringem Betrag sichtbar. Nach dem Beginn der Rotation des Rührwerkes entwickelt sich bei beiden Fluiden die Strömung zunächst nur in direkter Rührwerksnähe, bis die grobe Struktur der Strömung ausgebildet ist (vgl. Zyklus 3...17 in Abbildung 7-2). Von hier aus vergrößert sich sowohl der Betrag der Vektoren als auch die geometrische Größe der Struktur. Abbildung 7-2 zeigt dies in den Zyklen 17 bis 69. Hier lässt sich die Lageverschiebung eines markanten Punktes deutlich erkennen.

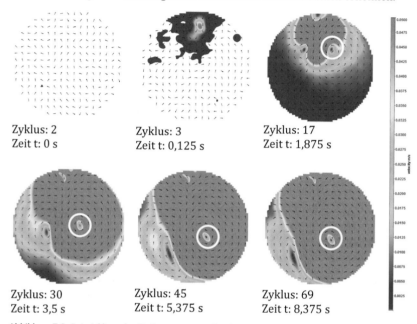

Abbildung 7-2: Entwicklung der Strömung zu verschiedenen Zeitschritten - Glycerin; Lage: 5; Nenndrehzahl: 600 min^{-1}; Laserebene: 90 mm - Lage eines Markanten Referenzpunktes weiß markiert – Rührwerksachse horizontal ausgerichtet

Die nach Erreichen dieses Endzustandes erkennbaren geringen Fluktuationen besonders in Rührwerksnähe werden dadurch verursacht, dass die Zyklenrate konstant gehalten wird und daher die Auslösung unabhängig von der Rührwerksstellung stattfindet. Die Vektorfelder bilden daher den Strömungszustand mit unterschiedlichen Paddeln in Eingriff des beleuchteten Volumens ab.

Während der Anlaufphase sind darüber hinaus in direkter Nähe zum Rührwerk Schwankungen erkennbar, welche durch Reflektionen der Antriebs- und Rührwerkskomponenten bei der Kreuzkorrelation entstehen. Um den Einfluss dieser Messfehler zu reduzieren, wird bei der Auswertung der Bereich in direkter Nähe zum Rührwerk vernachlässigt. Dies ist auch daher sinnvoll, da bei der Bestimmung der Anlaufzeiten besonders die Bereiche mit großem Abstand zum Rührwerk als kritisch und damit relevant zu betrachten sind. Vektoren innerhalb eines

210 mm langen und 100 mm breiten Rechteckes um die Rührwerkseinheit werden daher bei der weiteren Auswertung nicht berücksichtig (vgl. Abbildung 7-3).

a)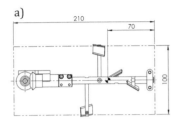   b)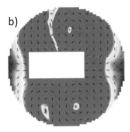

Abbildung 7-3: Anpassung des Auswertebereiches a) Abmessungen des ausgenommenen Bereiches - Referenzpunkt mittig zwischen zweitem und dritten Paddel b) Beispiel einer Auswertung mit angepasstem Auswertebereich - Glycerin; Lage: 3; Laserebene: 90 mm; Drehzahl: 600 min[-1]

7.4 Bestimmung der Anlaufzeit

Um eine Anlaufdauer bestimmen zu können, muss ein einheitlicher Startzeitpunkt definiert werden. Als Startpunkt mit der Bedingung $t = 0$ wird der Zyklus festgelegt, innerhalb dessen eine erste Bewegung des Rührwerks beobachtet wurde. So kann dieser Startzeitpunkt auf 0,125 s genau festgelegt werden.

Durch die mittleren Geschwindigkeiten v_{mittel} der aufeinander folgenden Vektorfelder lässt sich eine transiente Entwicklung der Strömung in der Ebene erkennen (vgl. Abbildung 7-4).

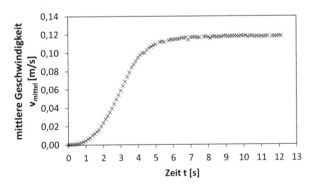

Abbildung 7-4: Mittlere Geschwindigkeit in Abhängigkeit der Zeit t - Glycerin; Lage: 5; Laserebene: 90 mm; Nenndrehzahl: 600 min[-1]

Um aussagekräftigere Ergebnisse zu erreichen, sollten neben den Beträgen der Vektoren auch deren Richtungen berücksichtigt werden, denn wird auch die Vektorrichtung berücksichtigt, ist bei Eintreten eines stationären Zustandes in der

Ebene auch von einer Konvergenz des gesamten volumetrischen Strömungsfeldes auszugehen. Zur Berücksichtigung der Strömungsrichtung wird die vektorielle Differenz des momentanen Vektorfeldes V_i und des stationären Vektorfeldes V_∞ gebildet. Ist der Betrag der Differenz gering, kann von einem stationären Zustand ausgegangen werden, denn sowohl die Vektorbeträge als auch Vektorrichtungen stimmen überein. Um einen neutralen Ausgangswert zu erhalten, wird der Betrag des stationären Vektorfeldes subtrahiert. Es ergibt sich folgende Berechnung:

$$\Delta v_i = \underbrace{|V_i - V_\infty|}_{\substack{\text{Über die Fläche gemittelter Betrag} \\ \text{der vektoriellen Differenz des} \\ \text{momentaten und des zeitlich} \\ \text{gemittelten stationären Vektorfeldes}}} - \underbrace{|V_\infty|}_{\substack{\text{Über die Fläche und Zeit gemittelter} \\ \text{Betrag des stationären Vektorfeldes}}} \qquad (7\text{-}1)$$

Das stationäre Strömungsfeld V_∞ wird hierbei durch Mittelung der letzten 30 Vektorfelder V_i beschrieben. Dabei wurde die Anzahl der hierzu verwendeten Vektorfelder so gewählt, dass ein ausreichend großer Abstand zum instationären Anfangszeitbereich zu erwarten ist. Auch werden durch die Mittelung von mehreren Zeitschritten Schwankungen auf Grund der wechselnden Rührwerksstellungen ausgeglichen. Auf die Verwendung der Vektorfelder der stationären Strömung aus Kapitel 6 wird verzichtet, da sich diese aufgrund der verschiedenen Größen der Auswertefenster keine identische Anordnung der Vektoren ergibt.

Das sich ergebende Vektorfeld V_∞ kann das Strömungsfeld der Asymptote des Anlaufvorganges bestmöglich beschreiben:

$$V_\infty := \frac{1}{30} \sum_{i=n'-30}^{n'} V_i \qquad (7\text{-}2)$$

mit n': Gesamtzahl der der Vektorfelder.

Der Verlauf des negativen übereinstimmenden Geschwindigkeitsanteils der momentanen und stationären Strömung Δv_i beginnt mit Ausnahme von Messungenauigkeiten definitionsbedingt bei null und entwickelt sich als Sigmoidfunktion mit einer Asymptote (s. Abbildung 7-5).

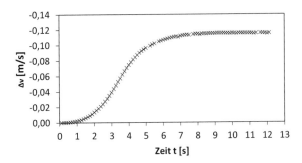

Abbildung 7-5: Zeitlicher Verlauf der Geschwindigkeitsdifferenz der momentanen und stationären Strömung Δv - Glycerin; Lage: 5; Laserebene: 90 mm; Nenndrehzahl: 600 min^{-1}

Da dieser Geschwindigkeitsanteil Δv_i die Gemeinsamkeiten zwischen dem momentanen und dem stationären Strömungsfeld repräsentiert, kann er durch Normierung in ein dimensionsloses Ähnlichkeitsmaß s überführt werden. Der Geschwindigkeitsanteil Δv_∞ entspricht dabei dem konvergierenden Wert der Sigmoidfunktion:

$$s_i := \frac{\Delta v_i}{\Delta v_\infty} \tag{7-3}$$

mit

$$\Delta v_\infty := \lim_{i \to \infty} \Delta v_i$$

Um Rückschlüsse von den Messwerten mittels Scale-Up-Verfahren auf den realen Fermenter ziehen zu können, sollte Einflüsse modellabhängiger Parameter reduziert werden. Einer dieser Parameter ist das Anlaufverhalten des Rührorgans selbst. Dieses unterliegt einer Beschleunigung, welche maßgeblich vom eingesetzten Antrieb abhängig ist. Um eine bessere Vergleichbarkeit zu anderen Prüfständen sowie dem Realfermenter zu erreichen, ist diese Beschleunigung zu kompensieren.

Der eingesetzte Antrieb weist eine Beschleunigung von $a_R \cong const. = 8{,}5 \ s^{-2}$ auf. Es lässt sich die absolvierte Umdrehungszahl N durch integrieren der Drehzahl bestimmen (s. Formel (7-4)).

$$N(t) = \int_0^t n(\tau) \, d\tau \tag{7-4}$$

Im Falle konstanter Beschleunigung a_R ergibt sich:

$$N(t) = \begin{cases} \dfrac{a_R}{2} \cdot t^2 & \text{für } 0 \leq t \leq \dfrac{n_{nenn}}{a_R} \\[3mm] t \cdot n_{nenn} - \dfrac{n_{nenn}^2}{2a_R} & \text{für } t > \dfrac{n_{nenn}}{a_R} \end{cases} \qquad (7\text{-}5)$$

Diese dimensionslose Größe N lässt sich zu einer Zeitäquivalenten t^* überführen (s. Formel (7-6)). Diese Zeitäquivalente entspricht dem theoretischen Zeitpunkt eines Zustandes, welcher sich bei einer unendlich großen Rührwerksbeschleunigung ergäbe. Dies erleichtert Vergleiche von Rührwerken unterschiedlicher Beschleunigungen.

$$t^* := \frac{N}{n_{nenn}} \qquad (7\text{-}6)$$

Bei der Darstellung des Ähnlichkeitsmaßes als Funktion der Zeitäquivalenten $s(t^*)$ zeigt sich, dass die Werte der Messungen sehr gut durch die sigmoidale Sättigungsfunktion nach Gompertz beschreiben lassen (vgl. Bestimmtheitsmaße R^2 in Tabelle 7-2 und Abbildung 7-6).

$$s(t^*) := \frac{\Delta v(t^*)}{\Delta v_\infty} \cong \exp\left(-b \cdot e^{-c \cdot t^*}\right) \qquad (7\text{-}7)$$

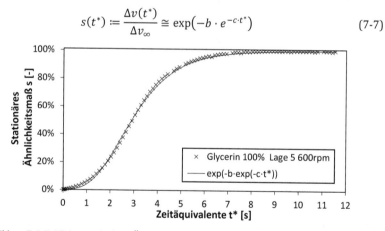

Abbildung 7-6: Zeitlicher Verlauf des Ähnlichkeitsmaßes mit Regression nach Gompertz mit b=7,16; c=0,806 - Glycerin; Lage: 5; Laserebene: 90 mm; Nenndrehzahl: 600 min⁻¹

Die untersuchten Rührwerkslagen und Drehzahlen liefern als Parameter b, c der Regression bei den beiden Fluiden die Werte aus Tabelle 7-2. Das Bestimmtheitsmaß R^2 deutet auf die Güte dieser Regressionen hin.

Fluid [-]	Rühr-werks-lage [-]	Dreh-zahl n [min^{-1}]	Verschie-bung b [-]	Sättigungs-rate c [-]	Bestimmt-heit. R^2 [-]
Walocel 0,6 %	L1	200	7,6277	1,0019	0,9445
		400	12,1133	0,8282	0,9900
		600	9,2022	0,5513	0,9848
	L3	200	7,7350	1,2561	0,9586
		400	11,2385	1,1918	0,9887
		600	6,4948	0,7292	0,9959
	L5	200	6,2562	0,7743	0,9729
		400	6,4465	0,6038	0,9940
		600	7,4548	0,6197	0,9972
Glycerin	L1	200	6,0826	1,3396	0,9975
		400	9,8224	1,2089	0,9946
		600	5,8744	0,8014	0,9954
	L3	200	5,2265	1,1309	0,9953
		400	9,8187	1,2888	0,9969
		600	8,3764	1,1142	0,9969
	L5	200	3,9972	0,8038	0,9958
		400	5,7163	0,7571	0,9981
		600	7,1597	0,8060	0,9965

Tabelle 7-2:Werte für die Parameter der b und c Sättigungsfunktion nach Gompertz inklusive Bestimmtheitsmaß R² der Regression

Bei der graphischen Darstellung der zeitlichen Entwicklung des Ähnlichkeitsmaßes s der verschiedenen Rührwerkslagen, Drehzahlen und Fluide in Abbildung 7-7 und Abbildung 7-8, zeigt sich deutlich die höhere Wachstumsrate der Glycerinversuche im Vergleich zu den Walocelmessungen. Dies führt dazu, dass sich der Wert früher der stationären Asymptote nähert. Eine Erklärung für diesen generellen Unterschied bei den beiden eingesetzten Fluiden ist, dass die scherverdünnende Eigenschaft der Walocel-Lösung dazu führt, dass der Impulseintrag vom Rührwerk zu entfernten Bereichen verschlechtert wird. Diese Begründung wird auch dadurch plausibilisiert, dass der Verlauf bei geringer mittlerer Entfernung zum Rührwerk der Rührwerkslage 3 sowie geringer Drehzahl von 200 min⁻¹ und damit verbundener geringerer Scherverdünnung bei Glycerin und Walocel ähnlich ausfällt. Des Weiteren ist zu berücksichtigen, dass die erreichten Geschwindigkeiten bei Walocel höher ausfallen.

Der Einfluss der Scherverdünnung kann auch plausibilisiert werden, da sich bei Walocel größere drehzahlabhängige Verlaufsunterschiede zeigen als bei Glycerin. Hier liegen die Kurven verschiedener Drehzahlen näher beieinander.

Bei der Betrachtung der Verläufe des Ähnlichkeitsmaßes ist jedoch zu berücksichtigen, dass auch die mittlere Fluidgeschwindigkeit der stationären Strömung fluid-, drehzahl- und lageabhängig ist.

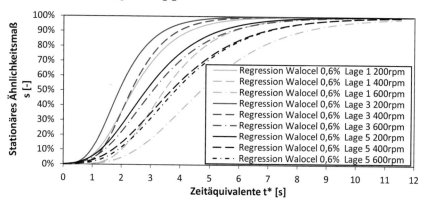

Abbildung 7-7: Entwicklung des Ähnlichkeitsmaßes der Walocel 0,6% Messungen - Messwerte aus Gründen der Übersichtlichkeit nicht dargestellt

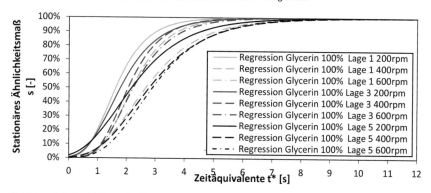

Abbildung 7-8: Entwicklung des Ähnlichkeitsmaßes der Glycerin Messungen - Messwerte aus Gründen der Übersichtlichkeit nicht dargestellt

Da der Verlauf dieses Ähnlichkeitsmaßes eine Asymptote besitzt, ist der Ähnlichkeitswert von 100% nicht erreichbar. Um eine Anlaufzeit zu ermitteln, gilt es einen Schwellwert zu definieren, ab dessen Überschreitung eine stationäre Strömung angenommen wird. Diese Umkehrfunktion der Sättigungsfunktion nach Gompertz ist dazu geeignet den Zeitpunkt des Erreichens eines definierten Ähnlichkeitsschwellwert zu bestimmen. Für den Schwellwert von 90% ergibt sich die Umkehrfunktion zu:

$$t^*_{90\%} = \frac{ln\left(-\dfrac{b}{ln(0,9)}\right)}{c} \tag{7-8}$$

Im Folgenden wird diese Definition der Zeit $t^*_{90\%}$ als Anlaufzeit übernommen und für weitere Diskussionen verwendet. Bei der Auswertung der Parameter aus Tabelle 7-2 mit Hilfe obenstehender Formel ergeben sich die Anlaufzeiten gemäß Anhang 3-1 und Abbildung 7-9.

Die Ergebnisse für die Anlaufzeiten zeigen, dass der Anlaufprozess bei Walocel 0,6% mit Ausnahme einer einzigen Messung deutlich mehr Zeit beansprucht. Eine Gemeinsamkeit aller Messreihen ist die mit der Drehzahl zunehmende Anlaufdauer. Beides kann durch die höheren erreichten Strömungsgeschwindigkeiten begründet werden.

Beste Anlaufzeiten ergeben sich bei Walocel in der zentralen Rührwerkslage 3. Auch bei Glycerin liefert diese Lage mit Ausnahme einer Messung die besten Ergebnisse. Mögliche Ursache hierfür ist der geringere mittlere Abstand des Fluides zum Rührwerk.

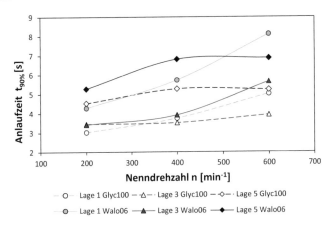

Abbildung 7-9: Anlaufzeiten der durchgeführten Messungen von Walocel 0,6% und Glycerin bei den verschiedenen Drehzahlen und Rührwerkslagen

Um den Anlaufprozess zu bewerten, kann neben der Dauer auch die Beschleunigung, welche auf das Fluid wirkt betrachtet werden. Dies ist besonders bedeutend, da es bei den verschiedenen Fluiden zu deutlichen Unterschieden in der mittleren Strömungsgeschwindigkeit kommt. Eine virtuelle mittlere Anlaufbeschleunigung $a^*_{90\%}$ lässt sich aus der Anlaufzeit $t^*_{90\%}$ und der mittleren Strömungsgeschwindigkeit v_{mittel} des stationären Zustandes aus Kapitel 6.4.1 konstruieren:

$$a^*_{90\%} = \frac{v_{mittel}}{t^*_{90\%}}$$ (7-9)

Diese virtuelle Beschleunigung ermöglicht eine Berücksichtigung sowohl der Anlaufzeiten als auch der mittleren Geschwindigkeiten. Wird beispielsweise bei einer Lage die gleiche Anlaufzeit, aber eine höhere Geschwindigkeit erreicht, ergibt sich bereits vor Erreichen dieser Zeit eine äquivalente Durchmischungsgüte. Die Betrachtung der virtuellen Beschleunigung $a^*_{90\%}$ ermöglicht also eine bessere Bewertbarkeit des Anlaufverhaltens in Hinblick auf die Durchmischung.

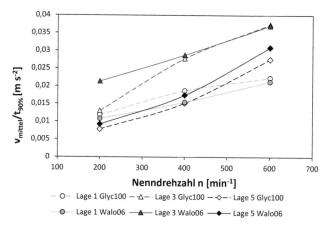

Abbildung 7-10: Mittlere Geschwindigkeitszunahme der Fluidströmung der durchgeführten Messungen von Walocel 0,6% und Glycerin bei den verschiedenen Drehzahlen und Rührwerkslagen

In Abbildung 7-10 zeigt sich, dass diese virtuelle Beschleunigung lediglich eine geringe Fluidabhängigkeit aufzeigt. Mit Ausnahme der Messung in Rührwerkslage 3 bei einer Drehzahl von 200 min⁻¹ sind die ermittelten Werte der beiden Fluide ähnlich. In Rührwerkslage 3 werden die höchsten Beschleunigungen beobachtet, allerdings ist bemerkenswert, dass dieser Vorsprung gegenüber Rührwerkslage 5 bei hohen Drehzahlen ($n = 600\ min^{-1}$) schwindet.

7.5 Einfluss der betrachteten Laserschnittebene

Um den Einfluss der frei gewählten Laserebene der Versuchsreihe auf die ermittelte Anlaufzeit quantifizieren zu können, wird eine Vergleichsmessung einer anderen Ebene durchgeführt und identisch ausgewertet. Als Vergleichsmessung wird eine Laserschnittebene von 125 mm oberhalb des Fermenterbodens gewählt und mit der Ebene auf 90 mm verglichen.

Auffällig in Abbildung 7-11 die größere Streubreite der Vergleichsmessung (Höhe 125). Dies kann dadurch erklärt werden, dass der dynamische Anteil bei verschiedenen Rührwerksstellungen in dieser Ebene größer ausfällt, denn die Rechteckaussparung des Auswertebereiches fällt in dieser Ebene kleiner aus als der direkte Einflussbereich der Paddel. Zu Beginn des Anlaufprozesses entwickelt sich die Strömung der Vergleichsmessung mit leicht höherer Geschwindigkeit. Dieser Vorsprung schwindet mit zunehmender Zeit durch die geringere Steigung der Funktion, sodass nach rund drei Sekunden die beiden Regressionsfunktionen nahezu deckungsgleich verlaufen. Im für die Ermittlung der Anlaufdauer relevanten Bereich $(s \cong 0,9)$ zeigt sich eine sehr gute Übereinstimmung der Kurven.

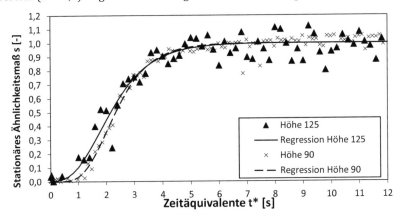

Abbildung 7-11: Gegenüberstellung der Entwicklung des Ähnlichkeitsmaßes bei unterschiedlicher Laserschnittebenen - Walocel 0,6%; Drehzahl: 400 min⁻¹; Rührwerkslage: 3

Der optische Eindruck sehr guter Übereinstimmung stimmt auch mit der aus der Regression ermittelten Anlaufzeit überein. Es ergibt sich bei den Werten lediglich eine Differenz von 71 ms (vgl. Tabelle 7-3). Dieser Unterschied liegt klar im Bereich der Messunsicherheit, denn der Startzeitpunkt kann lediglich mit einer maximalen Auflösung von 125 ms bestimmt werden. Der Einfluss der gewählten Laserschnittebene auf die Ergebnisse der Anlaufdauer ist daher als gering und vernachlässigbar einzustufen.

Fluid	Rührwerks-lage	Drehzahl n	Schnitt-höhe	Verschiebung b	Sättigungsrate c	Bestimmtheit. R^2	Anlaufzeit $t^*_{90\%}$
[-]	[-]	[min^{-1}]	[mm]	[-]	[-]	[-]	[s]
Walocel	L3	400	90	11,2385	1,1918	0,9887	3,9184
0,6%		400	125	6,3909	1,0292	0,9959	3,9889

Tabelle 7-3: Gegenüberstellung der Anlaufzeiten und der Parameter der Sättigungsfunktion nach Gomperts bei unterschiedlicher Laserschnittebenen inklusive Bestimmtheitsmaß - Walocel 0,6%; Drehzahl: 400 min^{-1}; Rührwerkslage: 3

7.6 Vergleich zur numerischen Untersuchung

Um den Aufwand zu reduzieren, sollen zukünftige Untersuchungen vermehrt numerisch durchgerührt werden. Hierfür gilt es, die Simulationsergebnisse durch Messungen zu validieren. Eine bereits durchgerührte Simulation wird nach identischem Auswertemuster untersucht.

Fluid	Walocel 0,6%
Rührwerkslage	1
Auswerteebene	90 mm
Drehzahl	400 min^{-1}

Tabelle 7-4:Versuchsparameter der Simulation und der Vergleichsmessung

Die Geschwindigkeitsfelder aus sämtlichen Knoten im Abstand von 90 mm oberhalb des Bodens werden analog zu denen der Particle-Image-Velocimetrie ausgewertet. Die Iterationsschrittweite beträgt identisch zur Zyklendauer 125 ms.

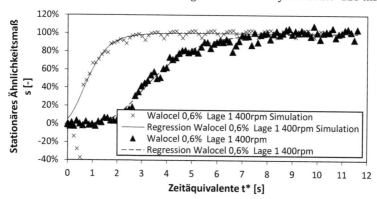

Abbildung 7-12: Gegenüberstellung der Simulation zur Messung - Walocel 0,6%; Drehzahl: 400 min^{-1}; Rührwerkslage: 1; Schnittebene: 90 mm

Die Ähnlichkeitsmaße der Simulation und Messung zeigen während des Anlauf-prozesses zwar einen grundsätzlich ähnlichen sigmoidalen Verlauf und lassen sich daher gleichermaßen durch die Sättigungsfunktion nach Gompertz beschrie-ben, unterscheiden sich jedoch bezüglich Verschiebung und Wachstumsrate deut-lich voneinander (vgl. Abbildung 7-12). Auffällig beim Ähnlichkeitsmaß der Simu-lation ist die anfängliche deutliche Entwicklung in negativer Richtung. Dies wird dadurch verursacht, dass sich ein Teil der Strömungsvektoren zunächst in entge-gengesetzter Richtung zum stationären Strömungsfeld entwickeln. Dieser Effekt wurde bei keiner der PIV-Messungen in dieser Intensität beobachtet. Die Ursache hierfür konnte im Rahmen dieser Arbeit nicht ermittelt werden.

Aufgrund der Unterschiede der Wachstumsrate und Verschiebung der Regressi-onen ergeben sich auch grundsätzlich verschiedene Werte für die Anlaufzeiten $t_{90\%}^{*}$ (s. Tabelle 7-5).

Fluid	Rühr-werkslage	Drehzahl n	Beschreib.	Verschieb. b	Sättigungsrate c	Bestimmtheit. R^2	Anlaufzeit $t_{90\%}^{*}$
[-]	[-]	[1/min]	[-]	[-]	[-]	[-]	[s]
Walocel 0,6%	L1	400	Messung	12,1133	0,8282	0,9900	5,7289
		400	Simulation	2,9382	1,7670	0,9204	1,8835

Tabelle 7-5: Gegenüberstellung der Anlaufzeiten und der Parameter der Sättigungsfunktion nach Gomperts von der Simulation zur Messung - Walocel 0,6%; Drehzahl: 400 min⁻¹; Rührwerkslage: 1; Schnittebene: 90 mm

Diese Abweichung kann durch verschiedene Parameter der Simulation verur-sacht werden. Zum einen wurde bei der Simulation immer ein momentanes Strö-mungsfeld eines Zeitpunktes ausgewertet, während bei der PIV-Auswertung je-weils über einen Zeitraum von mehr als 100 ms gemittelt wurde. Dieser Unter-schied der Auswertung kann neben dem stärker ausgeprägten periodischen Ver-halten im stationären Strömungsfeld der Simulation potenziell auch die anfängli-che negative Entwicklung des Ähnlichkeitsmaßes verursachen. Auch die Wahl der Iterationsschrittweite von 125 ms kann Einfluss auf die Ergebnisse haben. Es ist möglich, dass die gewählten Zeitschritte zu groß oder für die Drehzahl ungeeignet sind. Dies gilt es in zukünftigen Untersuchungen zu klären.

7.7 Zwischenfazit

Das in diesem Kapitel beschriebene Verfahren zur Bestimmung der Anlaufzeit des Modellfermenters mittels PIV liefert reproduzierbare Ergebnisse, welche unab-hängig von den frei gewählten Versuchsparametern erscheinen, wodurch es sich gut für diesen Zweck eignet.

Die kürzesten Anlaufzeiten lassen sich in der zentrischen Rührwerkslage 3 erreichen. Dies kann dadurch begründet werden, dass in dieser Lage die mittlere Entfernung des Fluides zum Rührwerk minimal ist. Allen Messungen gemein ist die Zunahme der Anlaufzeit durch Steigerung der Drehzahl, wenngleich auch die mittlere Fluidbeschleunigung wächst. Dies ist damit zu erklären, dass die mittlere Fluidgeschwindigkeit stärker zunimmt als die Anlaufzeiten. Die mittleren Fluidbeschleunigungen weisen lediglich geringe Abhängigkeiten vom eingesetzten Fluid auf.

8 Rührwerksnahe Strömung

Neben der globalen Fermenterströmung spielt aufgrund der hohen Geschwindigkeiten und Scherraten die Strömung in unmittelbarer Nähe zum Rührwerk eine
besondere Rolle für den Durchmischungsprozess.

8.1 Versuchsaufbau und -durchführung

Um die rührwerksnahe Strömung zu untersuchen, wird die High-Speed-Kamera
rund 600 mm näher an den Fermenterboden positioniert, sodass statt des gesamten Fermenterquerschnittes lediglich ein Ausschnitt erfasst wird. Für die Versuche dieser Messreihe wird die zentrale Rührwerkslage 3 betrachtet. Der Einfluss
der Rührwerkslage und der Behälterwand auf die rührwerksnahe Strömung wird
im Rahmen dieses Abschnittes daher nicht untersucht. Auch eine Variation der
Laserschnittebenen wurde nicht durchgeführt, stattdessen wird die Ebene konstant auf einer Höhe von 80 mm über dem Fermenterboden gehalten. Diese Ebene
wurde gewählt, da hier die Hauptbewegungsrichtung der Paddel in der Laserebene liegt und daher erfasst werden kann (vgl. Abbildung 8-1). Mit der Hauptbewegungsrichtung der Paddel ist in dieser Ebene auch eine dominante Scherung zu
erwarten. Diese Ebene ermöglicht die Abbildung sowohl der tangentialen als auch
der axialen Strömungsanteile.

Abbildung 8-1: Wahl der Laserschnittebene (gestrichelt) in Relation zum Rührwerk

Die bewegten Paddel verursachen beim Durchgang durch diese Laserebene einen
Schattenwurf, welcher einen großen Teil des Bildausschnittes ausfüllt. Im Schatten kann die Bewegung der Partikel aus Lichtmangel nicht bestimmt werden, was
die PIV-Auswertung unmöglich macht. Um dem entgegen zu wirken, werden zwei
Laser auf identischer Höhe aus entgegengesetzter Richtung eingesetzt (s. Abbildung 8-2).

Als Drehzahlen werden für die Betrachtung der Rührwerksströmung neben der
Ausgangsdrehzahl von 400 min^{-1} auch die Drehzahlen 200, 100 und 50 min^{-1} gewählt. Eine Drehzahl oberhalb von 400 min^{-1} wird aufgrund der dazu erforderli-
chen hohen Bildrate und der damit verbundenen geringen Belichtungszeit nicht
untersucht (vgl. Formel (8-2)). Es wird eine scherverdünnende wässrige Walocel-
lösung mit einer Konzentration von 0,6% untersucht, sodass diese Messungen
Rückschlüsse auf das Realsubstrat ermöglichen (vgl. Kapitel 5.1.2).

© Springer Fachmedien Wiesbaden GmbH, ein Teil von Springer Nature 2018
M. Elfering, *Experimentelle Strömungsanalyse im gerührten Fermenter*,
Forschungsreihe der FH Münster, https://doi.org/10.1007/978-3-658-22486-8_8

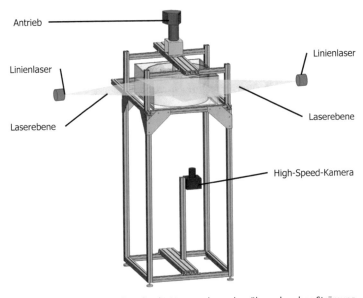

Abbildung 8-2: Versuchsaufbau für die Untersuchung der rührwerksnahen Strömung

Da die transiente Strömung in direkter Näher zum Rührwerk stark vom Drehwinkel abhängig ist, wird eine Synchronisation der Bildfolge und der Rührwerksdrehung erforderlich. Eine einfache Methode, dies zu realisieren, ist der Einsatz einer Lichtschranke als Lagegeber, welche bei einer definierten Winkelstellung des Rührwerkes mittels Triggersignal eine Bildsequenz auslöst (s. Abbildung 8-3). Die Dauer der ausgelösten Bildsequenz entspricht einer Umdrehung des Rührorgans. Als Startpunkt jeder Bildfolge wird die Rührwerkstellung gewählt, bei der das erste Paddel (vgl. Abbildung 3-2 Paddel links) senkrecht und im Eingriff der Laserschnittebene ist.

Abbildung 8-3: Lage der Tachoscheibe und Lichtschranke

Durch die Verringerung des Abstandes der Linse zur Laserebene auf $g \cong 680\ mm$ ergibt sich gemäß Formel (6-1) bei $B = 10\ \mu m$ und $f' = 24\ mm$:

$$G_{Pixel} = B \cdot \left(\frac{g}{f'} - 1\right) = 0{,}273\ mm \tag{8-1}$$

Mit $v_{tip} = 2{,}2\ \frac{m}{s}$ und $\Delta d = 16$ Pixel folgt aus Formel (6-4) für die Bildrate:

$$FPS = \frac{v_{tip}}{G_{Pixel} \cdot \Delta d} = 504\ Hz \tag{8-2}$$

Gemäß Formel (8-2) wird für die Drehzahl von 400 min⁻¹ eine Bildrate von 500 Hz und eine Belichtungszeit von 1 ms gewählt. Die Parameter der weiteren Drehzahlen werden entsprechend Tabelle 8-1 ausgewählt, sodass sich bei jeder Drehzahl eine Bildanzahl von 75 ergibt.

Drehzahl [min⁻¹]	Bildrate [Hz]	Belichtungszeit [ms]
400	500	1
200	250	2
100	125	4
50	63	8

Tabelle 8-1: Einstellungen der Kamera

8.2 PIV-Auswertung

8.2.1 Vorgehen

Die Parameter der PIV-Auswertung sind an denen aus Kapitel 6.2 orientiert. Zur Reduktion der Auswertezeit wird auf den dritten Durchgang verzichtet, sodass sich das in Tabelle 8-2 dargestellte Verfahren ergibt. Das Pre-Processing der aufgenommenen Bilder ist identisch zu Kapitel 6.2. Die Auswertung wird auf den Bereich der direkten Umgebung des Rührwerkes begrenzt. Hierzu wird eine kreisrunde Auswertemaske mit einem Durchmesser von 220 mm um den Referenzpunkt nach Abbildung 7-3 a) eingesetzt (s. Abbildung 8-4).

	Fenstergröße [Pixel²]	Gewichtung [-]	Überlappung [%]
1. Durchgang	64x64	Quadrat	50
2. Durchgang	32x32	Kreis	75

Tabelle 8-2: Parameter der Kreuzkorrelation bei rührwerksnaher Strömung

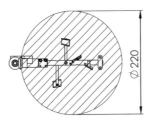

Abbildung 8-4: Betrachteter Bereich um das Paddelrührwerk – Referenzpunkt mittig zwischen dem zweiten und dritten Paddel

Um eine möglichst hohe zeitliche Auflösung der Strömung ermöglichen zu können, werden jeweils 75 Vektorfelder pro Rührwerksumdrehung generiert. Dies hat zur Folge, dass für die Erstellung der Vektorfelder das Verfahren der Korrelationssummenbildung (s. Kapitel 2.4.3) nicht möglich ist und jedes Vektorfeld aus lediglich zwei aufeinanderfolgenden Bildern resultiert. Dieses Vorgehen führt zu einem steigenden Anteil mangelhafter Vektoren. Um dem entgegen zu wirken, werden daher pro Messung 100 Rührwerksumdrehungen ausgewertet. Im Post-Processing wird jeweils ein gemitteltes k-tes Vektorfeld aus allen k-ten Vektorfeldes dieser 100 Folgen gebildet, sodass sich lediglich eine einzige Folge von Vektorfeldern ergibt, welche jeweils die momentane Strömung eines bestimmten Rührwerksdrehwinkels abbilden (s. Abbildung 8-5). Alle 75 Vektorfelder dieser Folge zusammen bilden eine volle Rührwerksumdrehung ab.

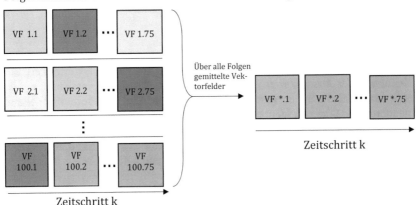

Abbildung 8-5: Graphische Darstellung des Verfahrens zur Bestimmung der gemittelten Vektorfelder (VF) in Abhängigkeit des Zeitschrittes (Rührwerksdrehwinkel)

8.2.2 Qualitative Analyse der Strömung

Diese sich ergebenden Vektorfelder sind am Beispiel der Messung bei 400 min⁻¹ in Abbildung 8-6 dargestellt. Es ist erkennbar, dass sich ein Großteil der Strömung laminar vom Rührwerk loslöst und radial abströmt. Im Bereich gegenüber des Hauptabströmkanals sind im Nachlauf der Paddel ungeordnete Strömungsvektoren zu erkennen (s. gelber Pfeil in Abbildung 8-6). Dieses augenscheinlich turbulente Verhalten kann durch den Abwärtsimpuls der Strömung senkrecht zur Bildebene begründet werden und ist auch auf den aufgezeichneten Bildern erkennbar. Bei geringerer Drehzahl ($n \leq 200min^{-1}$) ist dieser turbulente Anteil nicht zu beobachten. Stattdessen bildet sich über den gesamten untersuchten Bereich eine laminare und geordnete Strömung aus (s. Abbildung 8-7). Es kann daher davon ausgegangen werden, dass der Übergangsbereich von laminar zu turbulent der Leistungscharakteristik des Rührwerkes nach Rushton [27] im Drehzahlbereich von $n \cong 200 \ldots 400 \ min^{-1}$ beginnt.

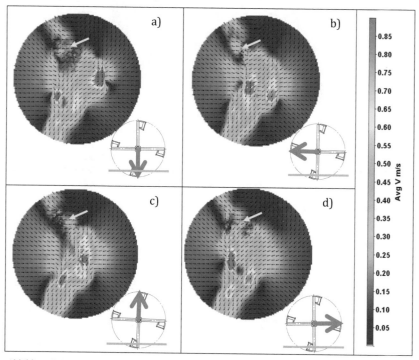

Abbildung 8-6: Strömungsbild unterschiedlicher Rührwerkswinkel bei einer Drehzahl von 400min[-1]; Walocel 0,6%; Rührwerkslage: 3; Laserschnittebene (grün): 80 mm; Rührwerksachse horizontal ausgerichtet; Winkelstellung des ersten Paddels in Rot dargestellt: a) 0° (senkrecht zur Ebene) b) 91,2° c) 182,4° d) 268,8° – turbulent erscheinender Bereich mit gelbem Pfeil markiert

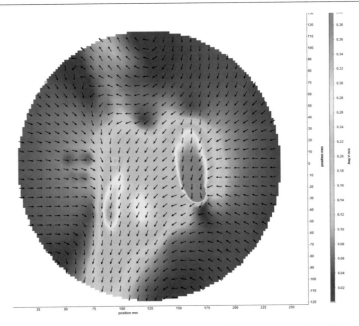

Abbildung 8-7: Strömungsbild bei einer Drehzahl von 200min⁻¹; Walocel 0,6%; Rührwerkslage: 3; La-serschnittebene: 80 mm; Rührwerksachse horizontal ausgerichtet; Winkelstellung des ersten Pad-dels bei 14,4° - Strömung ist frei von erkennbaren Turbulenzen

8.2.3 Analyse der auftretenden Scherraten

Für jedes dieser Geschwindigkeitsfelder lassen sich die momentanen, lokalen Scherbeanspruchungen bestimmen:

$$\dot{\gamma}_{max.shear} = \sqrt{\frac{\left(E_{xx} - E_{yy}\right)^2}{4} + \frac{\left(E_{xy} - E_{yx}\right)^2}{4}} \qquad \begin{matrix}(8\text{-}3)\\ [12]\end{matrix}$$

Es gilt hierbei: $E_{ij} = \dfrac{\partial v_i}{\partial j}$ mit $i \in \{x, y\}, j \in \{x, y\}$

Es ergibt sich ein Skalarfeld $\dot{\Gamma}_k^{(tot)}$ für jedes Geschwindigkeitsfeld. In Abbildung 8-8 ist beispielhaft das Feld dargestellt, welches zum Geschwindigkeitsfeld aus Abbildung 8-6 b) gehören. Auch hier lässt bei der Drehzahl von 400 min⁻¹ lami-nare Strömung im Vorlauf und turbulente Strömung im Nachlauf der einzelnen Paddel vermuten. Beide Anteile tragen zur insgesamt auftretenden Scherrate bei.

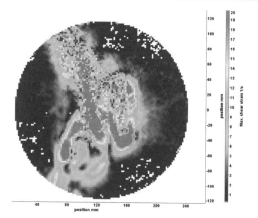

Abbildung 8-8: Scherraten bei einem Rührwerkswinkel von 91,2° (vgl. Abbildung 8-6 b) und einer Drehzahl von 400min⁻¹; Walocel 0,6%; Rührwerkslage: 3; Laserschnittebene (grün): 80 mm; Rührwerksachse horizontal ausgerichtet

Zur besseren Übersicht lassen sich diese Skalarfelder $\dot{\Gamma}_k^{(tot)}$ durch ein arithmetische Mitteln über alle Zeitschritte zu einem Feld $\dot{\Gamma}^{(tot)}$ zusammenfassen, welches die vollständige Umdrehung darstellt (s. Abbildung 8-9). Hierbei wird deutlich, dass der Scherratenanteil im Bereich der turbulenten Strömung im Nachlauf der Paddel eine nicht vernachlässigbare Rolle spielt. Bei dieser Drehzahl trägt also der turbulente Nachlauf augenscheinlich zur erheblich Scherverdünnung des Fluides bei. Bei den niedrigeren Drehzahlen spielt dieser Bereich lediglich eine untergeordnete Rolle (vgl. Anhang 4-1).

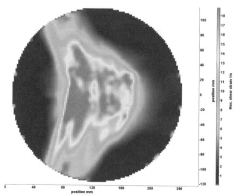

Abbildung 8-9: Über eine vollständige Umdrehung gemittelte Scherraten $\dot{\gamma}_{tot}$ bei einer Drehzahl von 400min⁻¹; Walocel 0,6%; Rührwerkslage: 3; Laserschnittebene: 80 mm; Rührwerksachse horizontal ausgerichtet

Das zeitlich gemittelte Skalarfeld aus Abbildung 8-9 der totalen Geschwindig-keitsfelder lässt sich für jede Drehzahl zu einem Mittelwert $\dot{\gamma}_{tot}$ zusammenfassen, um den Vergleich verschiedener Drehzahlen untereinander zu ermöglichen (s. Abbildung 8-10).

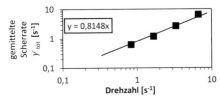

Abbildung 8-10: Gemittelte Scherraten des planen Auswertebereiches bei verschiedenen Drehzah-len Walocel 0,6%; Rührwerkslage: 3; Laserschnittebene: 80 mm

In Abbildung 8-10 zeigt sich zunächst ein proportionales Verhalten. Im Bereich höherer Drehzahlen ($n > 200min^{-1}$) zeigt sich hingegen ein überproportionales Ansteigen der Scherraten. Dies kann durch den zunehmenden Einfluss von Tur-bulenzen auf die Scherrate erklärt werden. Deutlicher wird dies bei der Betrach-tung des dimensionslosen Quotienten $\frac{\gamma_{tot}}{n}$ aus der gemittelten Scherrate und der Drehzahl (s. Abbildung 8-11). Dieser ist mathematisch analog zur Metzner-Otto-Konstanten k_{MO} aus Formel (2-5) definiert. Allerding muss beachtet werden, dass die Scherrate aus der Metzner-Otto-Konstante eine virtuelle Größe zur Be-stimmung der wirksamen Viskosität darstellt. Die in Abbildung 8-10 dargestellten Werte sind hingegen gemittelte Werte aus einem frei definierten Auswertebe-reich, daher ist der absolute Betrag des Quotienten unmittelbar von der Größe und Lage dieses Auswertebereiches abhängig. Dies hat zur Folge, dass die absolu-ten Beträge von geringer Bedeutung sind. Das Verhältnis der Werte untereinan-der ist hingegen bedeutsamer. Für die weitere Diskussion wird dieser Quotient als ein Äquivalent k_{MO}^{*} zur Metzner-Otto-Konstante definiert (s. Formel (8-4)).

$$k_{MO}^{*} := \frac{\dot{\gamma}_{tot}}{n} \qquad (8-4)$$

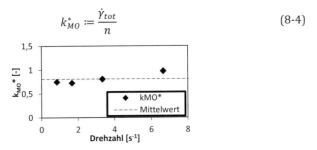

Abbildung 8-11: Äquivalent k_{MO}^{*} zur Metzner- Otto-Konstante in Abhängigkeit zur Rührwerksdreh-zahl - Walocel 0,6%; Rührwerkslage: 3; Laserschnittebene: 80 mm

Bereits in anderen Arbeiten wie beispielsweise in der Arbeit von Reviol [4] wurde beobachtet, dass die Metzner-Otto-Konstante beim Überschreiten des laminaren Rührwerksbetriebes mit steigender Reynoldszahl nach oben abweicht. Das Äquivalent k_{MO}^* verhält sich hier ähnlich, sodass ein direkter Zusammenhang dieser Größe zur Metzner-Otto-Konstante grundsätzlich plausibel erscheint. Die exakte Bestimmung dieses Zusammenhanges erfordert eine besonders hohe Präzision der Drehmomentmessung insbesondere im Bereich niedriger Drehzahlen, welche durch den Versuchsaufbau im Rahmen dieser Arbeit nicht erreicht wird. Der Zusammenhang zwischen dem Äquivalent und der Metzner-Otto-Konstante aus der Rührwerksleistungscharakteristik sollte daher in künftigen Untersuchungen näher untersucht werden und ermöglicht prinzipiell die Leistungsbestimmung und Charakterisierung der Energiedissipation über PIV.

8.3 Proper Orthogonal Decomposition

Die Proper Orthogonal Decomposition kann dazu genutzt werden, die zeitliche Folge von Vektorfeldern in energetisch und periodisch kategorisierbare Eigenmoden zu zerlegen (vgl. Kapitel 2.5). Dies ermöglicht es, die einzelnen Bestandteile für die in Kapitel 8.2.3 ermittelten mittleren Scherraten $\dot{\gamma}_{tot}$ zu ergründen. Diese Erkenntnisse können zukünftig beispielsweise bei einer Optimierung der Rührwerksgeometrie berücksichtigt werden, um hierdurch die Energieaufnahme zu senken und die Durchmischung zu verbessern.

In der Arbeit von Gabelle et al. [16] wurde eine Einteilung in drei Kategorien postuliert, welche verschiedene Strömungsanteile repräsentieren. In ihrer Arbeit beschreibt die erste Kategorie die zeitlich gemittelte Strömung (Index „$mean$"). Die zweite und dritte beschreiben transiente Strömungsanteile, welche zum einen direkt durch das Rührwerk organisiert werden (Index „org") sowie zum anderen das turbulente Verhalten beschreiben (Index „$turb$"). Dieses Konzept wird auf das hier untersuchte Paddelrührwerk adaptiert. Da lediglich bei der Drehzahl von $n = 400\ min^{-1}$ turbulente Strömung beobachtet werden können, wird im Folgenden diese Messung näher untersucht. Zunächst wird das mittlere Strömungsfeld $V^{(mean)}$ bestimmt (s. Abbildung 8-12). Dieses Vektorfeld beschreibt den zeitlich gemittelten stationären Strömungsanteil und stellt damit einen der empirischen Eigenmoden der Strömung dar. Der verbleibende zu diesem Vektorfeld $V^{(mean)}$ verschiedene transiente Anteil der einzelnen Eingangsfelder V_k wird für die POD zur Bestimmung der weiteren Eigenmoden gemäß Kapitel 2.5 verwendet und in weitere Eigenmoden mit dazugehörigen Eigenvektorfeldern zerlegt.

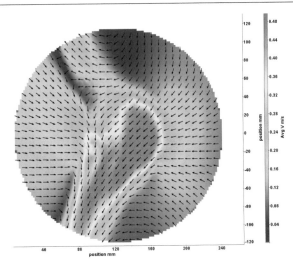

Abbildung 8-12: Zeitlich gemitteltes Strömungsfeld V$^{(mean)}$ in Rührwerksnähe bei einer Drehzahl von 400min^{-1}; Walocel 0,6%; Rührwerkslage: 3; Laserschnittebene: 80 mm; Rührwerksachse horizontal ausgerichtet

Die Anteile der kinetischen Energien der Eigenmoden lassen sich aus den Eigenfeldern bestimmen, um eine Reihenfolge der Moden fest zu legen. In Abbildung 8-13 sind die Energieanteile aller Eigenmoden in absteigender Folge aufgeführt. Der erste Mode beschreibt die stationäre Strömung (vgl. Abbildung 8-12) die transienten Strömungsanteile werden durch Eigenmoden höherer Ordnung beschrieben.

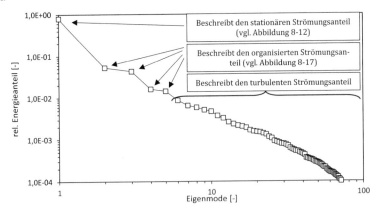

Abbildung 8-13: Energieanteile der einzelnen Eigenmoden an der rührwerksnahen Strömung bei einer Drehzahl von 400min^{-1}; Walocel 0,6%; Rührwerkslage: 3; Laserebene: 80 mm

Bei der Betrachtung dieser Energieanteile (s. Abbildung 8-13) ist das jeweils ähnliche Niveau der Moden 2 und 3 sowie das der Moden 4 und 5 auffällig. Dies kann auf eine Kopplung dieser Modenpaare untereinander hindeuten. Um diesen möglichen Zusammenhanges zu bestimmen, werden die Koeffizienten $a_I^{(k)}$ dieser Eigenmoden näher untersucht. Die Koeffizienten $a_I^{(k)}$ werden gemäß Formel (2-18) berechnen und beschreiben den Anteil, welchen das I-te Eigenfeld Φ_I zum k-ten Eingangsvektorfeld V_k beiträgt. Anschließend wird $a_k^{(I)}$ gemäß Formel (2-19) normalisiert. Abbildung 8-14 zeigt die Verläufe der Koeffizienten über die Zeitschritte k einer vollständigen Rührwerksumdrehung. Alle Verläufe weisen eine periodische, annähernd sinusoidale Charakteristik auf, wobei die Frequenz des zweiten und dritten Modes geringer ausfällt als die der beiden anderen.

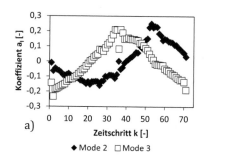
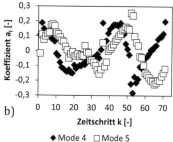

Abbildung 8-14: Zeitlicher Verlauf der Eigenmodenkoeffizienten über eine vollständige Rührwerksumdrehung - Gegenüberstellung a) Moden 1 und 2 b) Moden 3 und 4

Um die Frequenz und Phasenverschiebung der Koeffizientenverläufe der Modenpaare zu einander zu bestimmen, eignet sich die Betrachtung ihrer Kreuzkorrelationen. Hierzu werden die Korrelationen gemäß der Formel (2-22) bestimmt. Die dimensionslose Verzögerung m' lässt sich mit Hilfe der Bildrate $FPS = 500\ Hz$ in die Zeitverzögerung Δt_{lag} überführen:

$$\Delta t_{lag} = \frac{m'}{FPS} \qquad (8\text{-}5)$$

Die sich Werte der Kreuzkorrelationen zwischen den Koeffizienten des ersten Modenpaares ($a_2^{(k)}$ und $a_3^{(k)}$) sowie denen des zweiten Paares ($a_4^{(k)}$ und $a_5^{(k)}$) aus Abbildung 8-14 sind in Abbildung 8-15 dargestellt. Beide Kreuzkorrelationen weisen klar periodische Charakteristiken auf. Der Abbildung kann entnommen werden, dass die Periodendauer t_0 beim ersten Koeffizientenpaar rund 150 ms sowie beim zweiten Paar rund 75 ms beträgt. Da das Rührwerk bei einer Drehzahl von 400 min^{-1} Periodendauer von 150 ms hat, entsprechen die Frequenzen der Modenpaare in guter Näherung dem einfachen, respektive dem doppelten der Rührwerksdrehzahl.

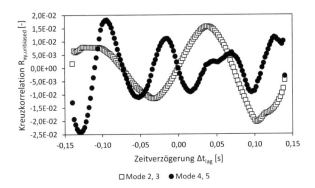

Abbildung 8-15: Unverzerrte Kreuzkorrelation der beiden Koeffizientenpaare aus den ersten vier Eigenmoden der rührwerksnahen Strömung bei einer Drehzahl von 400min⁻¹; Walocel 0,6%; Rührwerkslage: 3; Laserschnittebene: 80 mm

Um die Phasenverschiebung zu bestimmen, werden die Korrelationsverläufe als Funktion des Produktes der Zeitverzögerung Δt_{lag} und ihrer Eigenkreisfrequenzen $\omega_0 = 2\pi \cdot t_0^{-1}$ aufgetragen. Die ersten Maxima vom Nullpunkt ausgehend ergeben sich bei $+\pi/2$ bzw. $-\pi/2$. Dies bedeutet, dass sich für beide Koeffizientenpaare eine Phasenverschiebung von 90° untereinander ergibt und diese somit orthogonal sind. Welcher der beiden Modenkoeffizienten jeweils nacheilt hat dabei keine physikalische Bedeutung und kann durch ein Negieren der dazugehörigen Eigenfelder vertauscht werden.

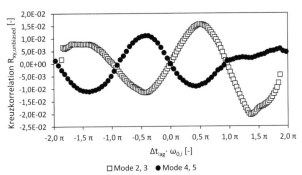

Abbildung 8-16: Unverzerrte Kreuzkorrelation der beiden Koeffizientenpaare aus den ersten vier Eigenmoden der rührwerksnahen Strömung bei einer Drehzahl von 400min⁻¹; Walocel 0,6%; Rührwerkslage: 3; Laserschnittebene: 80 mm

Durch die doppelte Frequenz der Moden 4 und 5 gegenüber der Rührwerksdrehzahl in Kombination mit der einfachen Frequenz der Moden 2 und 3 ergibt sich die mathematisch erforderliche Mindestvariation, um die vier verschiedenen Paddeldurchläufe im betrachteten Volumen abbilden zu können. Außerdem ist bei der Betrachtung der Koeffizienten höherer Eigenmoden kein periodischer Verlauf zu erkennen. Daher werden lediglich die Strömungsanteile aus den Moden 2...5 der Kategorie der organisierten Strömung zugeordnet. Der Einfluss der höheren Moden ($I > 5$) wird hingegen als (chaotisch) turbulent kategorisiert. In Abbildung 8-17 sind die vier ersten Eigenmoden dargestellt, welche die organisierte Strömung bilden.

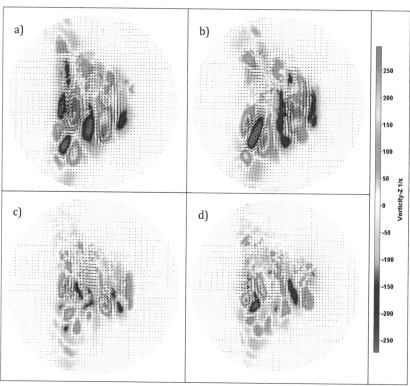

Abbildung 8-17: Vortizität und Strömungsrichtung der Eigenfelder der ersten vier Mode in Rührwerksnähe bei einer Drehzahl von 400min^{-1}; Walocel 0,6%; Rührwerkslage: 3; Laserschnittebene: 80 mm; Rührwerksachse horizontal ausgerichtet - a) Mode 1 b) Mode 2 c) Mode 3 d) Mode 4

Auf Basis dieser Zuweisung der Eigenmoden zu den drei Kategorien lassen sich aus Abbildung 8-13 die Energieanteile der Kategorien ermitteln. Hierzu werden die Energieanteile der Moden jeder Kategorie aufsummiert. Die sich ergebenen Werte sind in Abbildung 8-18 dargestellt.

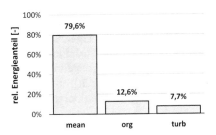

Abbildung 8-18: Relativer Energieanteil der eingeführten Strömungskategorien an der rührwerksnahen Strömung

Durch die Eigenfelder und den zugehörigen Koeffizienten kann das Strömungsfeld der einzelnen Kategorien zusammengesetzt werden. Für jeden Zeitschritt k
werden dazu gemäß Formel (2-20) die entsprechenden Eigenfelder mit den Koeffizienten multipliziert. Die hieraus entstehenden Vektorfeder werden aufsummiert und ergeben die empirisch angenäherte Strömung der jeweiligen Kategorie
(vgl. Formel (8-6) und (8-7)).

$$V_k^{(org)} := \sum_{l=2}^{5} a_l^{(k)} \cdot \Phi_l \tag{8-6}$$

$$V_k^{(turb)} := \sum_{l>5} a_l^{(k)} \cdot \Phi_l \tag{8-7}$$

Analog zum Kapitel 8.2.3 werden zu jedem der Vektorfelder $V_k^{(org)}$, $V_k^{(turb)}$ sowie
$V^{(mean)}$ die Scherraten als Skalarfelder $\dot{\Gamma}$ bestimmt. Die einzelnen Skalarfelder $\dot{\Gamma}_k$
der transienten Kategorien werden anschließend durch zeitliche Mittelwertbil-
dung zu jeweils einem Feld zusammengefasst (s. Formel (8-8), (8-9)).

$$\dot{\Gamma}^{(org)} = \frac{1}{75} \sum_{k=1}^{75} \dot{\Gamma}_k^{(org)} \tag{8-8}$$

$$\dot{\Gamma}^{(trub)} = \frac{1}{75} \sum_{k=1}^{75} \dot{\Gamma}_k^{(turb)} \tag{8-9}$$

Diese Skalarfelder sind in Abbildung 8-19 a)...c) dargestellt und verdeutlichen
den Wirkungsbereich und die Stärke der verschiedenen Strömungskomponenten.
Hier ist deutlich zu erkennen, dass die Scherraten der Hauptströmung primär an
den Rändern des Strömungskanals auftreten. Bemerkenswert ist, dass sich dies
auf beiden Seiten des Rührwerks (in Abbildung 8-19 a) obere und untere Hälfte)
ähnlich ausgeprägt zeigt, obschon die Paddel das betrachtete Volumen lediglich

in einer der Richtung durchlaufen. Die Scherraten der organisierten und turbulenten Strömung sind klar erkennbar verschiedenen Bereichen zuzuordnen. Bei der organisierten Strömung treten sie verstärkt vor den Paddeln auf. Turbulente Effekte dominierten hingegen das Totwassergebiet im Nachlauf der Paddel. Zu Abschätzung der quantitativen Größenordnung der drei Kategorien wird der räumliche Mittelwert der Skalarfelder aus Abbildung 8-19 ermittelt (s. Abbildung 8-20).

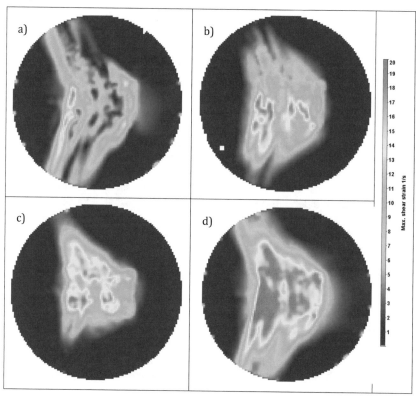

Abbildung 8-19: Skalarfelder der Scherraten eingeteilt nach kategorisierter Ursache: a) Mittleren Hauptströmung (mean) b) Organisierte Strömung (org) c) Turbulente Strömung (turb) d) Zum Vergleich: Scherraten aus der totalen Strömung (vgl. Kapitel 8.2.3) – Drehzahl: 400min⁻¹; Walocel 0,6%; Rührwerkslage: 3; Laserschnittebene: 80 mm; Rührwerksachse horizontal

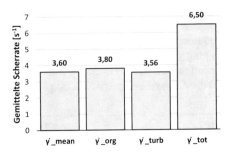

Abbildung 8-20: Beträge der gemittelten Scherraten eingeteilt nach kategorisierte Ursache

Der Abbildung 8-20 kann entnommen werden, dass die drei eigeführten Kategorien jeweils einen Scherratenanteil gleicher Größenordnung liefern. Dies ist besonders bemerkenswert, da die Kategorien einen grundsätzlich unterschiedlichen kinematisch energetischen Anteil an der totalen Strömung besitzen (vgl. Abbildung 8-18). Zwar ist nicht bekannt, welchen Einfluss die Scherraten der drei Kategorien auf den Stofftransport und auf scherempfindliche Mikroorganismen haben [16]. Dennoch ermöglicht diese Dekomposition der Scherraten einen Einblick in die unterschiedlichen Ursachen für Scherverdünnung bei Betrieb des Paddelrührwerkes und deren Größenordnungen und Einflussbereiche. So wird es zukünftig hiermit möglich, unmittelbar bewerten zu können, welche Auswirkungen eine Änderung der Geometrie auf das Scherverhalten hat und wodurch diese begründet ist.

Ein direktes Zusammensetzten dieser gemittelten Scherraten der einzelnen Kategorien $\dot{\gamma}_{turb}$, $\dot{\gamma}_{org}$ und $\dot{\gamma}_{mean}$ zur mittleren Scherrate der totalen Strömung $\dot{\gamma}_{tot}$ ist allerdings mathematisch nicht möglich, da ein nichtlinearer Zusammenhang besteht, welcher bei der arithmetischen Mittelwertbildung aus Acht gelassen wird. Einen grundsätzlichen Ansatz um ein Zusammensetzen zu ermöglichen, bietet die viskose Dissipationsrate ε der kinetischen Energie. Diese Rate beschreibt die Abnahmegeschwindigkeit der kinetischen Energie durch viskose Effekte und ist scherratenabhängig. Die Raten ε der einzelnen Kategorien weist gemäß [16] einen linearen Zusammenhang auf:

$$\varepsilon_{tot} = \varepsilon_{mean} + \varepsilon_{org} + \varepsilon_{turb} \qquad (8\text{-}10)$$
$$[16]$$

Diese Raten sind nicht proportional zur Scherrate, weshalb auch der Zusammenhang nicht direkt übertragen werden kann. Im Falle von nicht-newtonschen Fluiden ergibt sich die lokale Scherrate aus der lokalen Dissipationsrate gemäß Formel (8-11).

$$\dot{\gamma} = \sqrt{\frac{\rho \cdot \varepsilon}{\eta(\dot{\gamma})}} \qquad\qquad (8\text{-}11)$$
$$[16]$$

Lässt sich das Fließverhalten des Fluides hinreichend durch das Potenzgesetz beschreiben, ergibt sich aus Formel (2-3) und (8-11) folgender Zusammenhang:

$$\varepsilon = \frac{k \cdot \dot{\gamma}^{m+1}}{\rho} \Rightarrow \varepsilon \propto \dot{\gamma}^{m+1} \qquad\qquad (8\text{-}12)$$

Diese Formel ermöglicht die momentane und lokale Berechnung der Dissipationsraten. Sie lässt jedoch keine Bestimmung global gemittelter Dissipationsraten aus der gemittelten Scherrate zu. In zukünftigen Arbeiten sollte daher der Einfluss der der Scherraten auf die Dissipationsrate, den Leistungseintrag und die Durchmischung in scherverdünnenden Fluiden untersucht werden.

8.4 Zwischenfazit

Das in diesem Kapitel beschriebene Verfahren der PIV ist dazu geeignet die Strömungsbedingungen in unmittelbarer Rührwerksnähe zu analysieren. Es wird gezeigt, dass deutlich turbulente Strömungen erst bei einer Drehzahl von über 200 min^{-1} auftreten und die Scherraten in Rührwerksnähe überproportional wachsen lassen. Durch die POD kann der Einfluss dieser Turbulenzen verdeutlicht werden. Die POD ermöglicht eine Zuordnung und Quantifizierung der auftretenden Scherraten in den verschiedenen räumlichen Bereichen zu deren Ursachen. Es zeigt sich, dass die Turbulenzen bei der konventionellen Drehzahl einen ähnlich großen Anteil zur Scherung beitragen wie die organisierte Strömung, welche direkt durch die Paddel verursacht wird. Darüber hinaus bietet das in diesem Abschnitt beschriebene Verfahren eine Grundlage für zukünftige Messungen, um den Einfluss verschiedener Rührwerksgeometrien auf die Güte der Suspensionsdurchmischung zu ermitteln.

Es gilt zu berücksichtigen, dass die in diesem Kapitel durchgeführten Auswertungen auf der Vermessung der Strömungen in lediglich einer Laserschnittebene basieren. Zwar wird in dieser Ebene auf Grund der Bewegungsrichtung der Rührwerkspaddel die Hauptströmungsrichtung und dominante Scherung erwartet, dennoch sollten in zukünftigen Untersuchungen weitere Ebenen berücksichtigt werden.

9 Scale-Up der Messergebnisse

Da es sich bei den Messungen um ein verkleinertes Modell handelt, müssen die ermittelten Ergebnisse mittels Scale-Up-Verfahren auf den Realmaßstab übertragen werden, um Rückschlüsse für den realen Prozess zu ermöglichen.

9.1 Leistungen

Für die Bestimmung der originalen Leistung und des originalen Drehmomentes leiteten Böhme und Stenger [9] in ihrer Arbeit die Zusammenhänge gemäß Formel (9-1) und (9-2) her.

$$\frac{P_M}{P_O} = \left(\frac{d_M}{d_O}\right)^2 \cdot \sqrt{\frac{\rho_O}{\rho_M}} \qquad (9\text{-}1)$$
$$[9]$$

$$\frac{T_M}{T_O} = \left(\frac{d_M}{d_O}\right)^3 \qquad (9\text{-}2)$$
$$[9]$$

mit $\rho_M \cong \rho_O$ und $\frac{d_M}{d_O} = \frac{1}{40}$ gemäß Kapitel 5.1.2 ergibt sich:

$$P_O = P_M \cdot 1{,}6 \cdot 10^3 \qquad (9\text{-}3)$$
$$T_O = T_M \cdot 6{,}4 \cdot 10^4 \qquad (9\text{-}4)$$

9.2 Anlaufzeiten

In der Arbeit von Annas et al. liefert das buckinghamsche Π-Theorem $\Pi_6 = t \cdot n$ als Kriterium für eine ähnliche Fluidströmung [10]. Hierdurch gilt:

$$t_O \cdot n_O = t_M \cdot n_M \qquad (9\text{-}5)$$

Aus Formel (2-6) und Formel (9-5) folgt:

$$\frac{t_M}{t_O} = \frac{n_O}{n_M} = \frac{1}{40} \qquad (9\text{-}6)$$

Die in diesem Kapitel ermittelten Anlaufzeiten $t_{90\%}^*$ lassen somit direkte Rückschlüsse auf die Anlaufzeiten des Originalfermenters zu:

$$t_{90\%.O}^* = 40 \cdot t_{90\%.M}^* \qquad (9\text{-}7)$$

9.3 Ergebnisse des Scale-Up-Verfahrens

Da die Walocelkonzentration des Modellfuides so gewählt wurde, um durch das Scale-Up-Verfahren der Viskosität des Realsubstrates zu entsprechen, können mit Hilfe der Formeln (9-3), (9-4) und (9-7) die Leistungsdaten (s. Tabelle 6-1) und

© Springer Fachmedien Wiesbaden GmbH, ein Teil von Springer Nature 2018
M. Elfering, *Experimentelle Strömungsanalyse im gerührten Fermenter*,
Forschungsreihe der FH Münster, https://doi.org/10.1007/978-3-658-22486-8_9

Anlaufzeiten (s. Anhang 3-1) des Modells dazu verwendet werden, jene des Realfermenters zu bestimmen:

Rührwerks-lage	Drehzahl n_O	Anlaufzeit $t^*_{90\%,O}$	Moment T_O	Leistung P_O
[-]	[1/min]	[s]	[kNm]	[kW]
	5	171,0	5,39	2,82
L1	10	229,2	14,54	15,23
	15	324,3	29,83	46,86
	5	136,8	3,48	1,82
L3	10	156,7	13,72	14,37
	15	226,1	29,77	46,76
	5	211,0	4,02	2,10
L5	10	272,5	13,24	13,87
	15	274,9	26,95	42,33

Tabelle 9-1: Anlaufzeiten und Leistungsdaten des Realfermenters mit Realsubstrat - Ermittelt durch
Scale-Up der Modellmessungen

9.4 Bewertung der Ergebnisse

Um die Aussagekraft dieser skalierten Werte beurteilen zu können, bietet sich ein
Vergleich mit einem geometrisch ähnlichen Rührwerk im originalen Maßstab an.
Hierzu ist der Vergleich zu dem Paddelrührwerk „Hydromixer" der Firma Steverding Rührwerkstechnik GmbH geeignet. Dieses Rührwerk mit dem Durchmesser
von $d_O = 4\,200\ mm$ wird üblicherweise in der Position äquivalent zur Rührwerkslage 1 gemäß Kapitel 5.4 eingesetzt. Der Hersteller gibt als Nennleistung der
Antriebseinheit $P_O = 15\ kW$ und als Nennmoment $T_O = 14,5\ kNm$ bei einer
Drehzahl von $n_O = 10\ min^{-1}$ an [28]. Diese Daten decken sich optimal mit den in
diesem Abschnitt ermittelten Werten (vgl. Tabelle 9-1 bei Lage 1 und $n_O =
10\ min^{-1}$).

10 Ausblick

Auf Basis der in dieser Arbeit erlangten Erkenntnisse können zukünftige, weiterreichende Untersuchungen am Modellfermenter durchgeführt werden. Im Folgenden werden Anregungen hierfür dargestellt.

10.1 Variation der rheologischen und geometrischen Parameter

Um auch Fermentersubstrate mit höherer Scherverdünnung (gemäß Koll [25]) untersuchen zu können, ist bei zukünftigen Versuchen die Verwendung anderer Modellfluide möglich. Hierbei empfiehlt es sich, die Tauglichkeit von Fluiden auf Polyacrylsäurebasis (Carbopol) für diese Anforderungen zu untersuchen. Dieses Medium besitzt scherverdünnende Eigenschaften und wurde bereits erfolgreich in anderen Arbeiten zur PIV-Analyse eingesetzt [16], [29], [30].

Zur besseren Abbildung des realen Rührprozesses kann die Füllhöhe angepasst werden, sodass das Rührwerk unvollständig eingetaucht betrieben wird. Dabei ist jedoch zu berücksichtigen, dass die Einflüsse der freien Oberfläche größer werden. Dies führt dazu, dass beim Scale-Up-Verfahren diese Phasengrenze ggf. berücksichtigt werden muss. Zudem führt der Eintrag von Luft zu Blasenbildung, welche das optische Messverfahren durch Reflexionen beeinflussen kann. Ein erhöhter Luftanteil kann zudem Fluideigenschaften ändern.

Um die Durchmischung weiter zu optimieren, sollte der Einfluss der Rührwerksgeometrie auf das Strömungsbild untersucht werden. Hierzu sollte das PIV-Verfahren bei alternativer Rührwerksgeometrie besonders in direkter Rührwerksnähe durchgeführt werden. Um in diesem Bereich die einzelnen Vorgänge untersuchen zu können, eignet sich der Einsatz der POD.

10.2 Erweiterung der PIV-Auswertung

Auch das PIV-Verfahren kann weiter verbessert werden. Um den Informationsgewinn zu erweitern, ist der Einsatz dreidimensionaler Stereo-Particle Image Velocimetry geeignet. Dies ermöglicht die Ermittlung der Geschwindigkeitsvektorkomponente senkrecht zur Bildebene und damit der absoluten Strömungsgeschwindigkeit und des dreidimensionalen Scherratentensors, sodass die Auswertung in Bezug auf die Durchmischung verbessert werden kann.

Für zukünftige Messungen ist die Betrachtung von weiteren Laserschnittebenen sinnvoll. Es sollten Ebenen senkrecht zum Fermenterboden betrachtet werden, um ausschließen zu können, dass dominante vertikale Strömungen vernachlässigt wurden. Von besonderem Interesse ist zudem die Auswertung weiterer Ebenen in Rührwerksnähe, denn besonders in diesem Bereich werden komplexe dreidimensionale Strömungen erwartet.

© Springer Fachmedien Wiesbaden GmbH, ein Teil von Springer Nature 2018
M. Elfering, *Experimentelle Strömungsanalyse im gerührten Fermenter*,
Forschungsreihe der FH Münster, https://doi.org/10.1007/978-3-658-22486-8_10

10.3 Verbesserung der Leistungsanalyse

Da die Drehmomentmessungen durch das Antriebskonzept an Präzision verloren hat, sollte für zukünftige Untersuchungen der Leistungsaufnahme Alternativen gesucht werden. Präzisere Momentmessungen können für die Erstellung einer Leistungscharakteristik der verschiedenen Rührwerkspositionen verwendet werden. Mit ihrer Hilfe ist auch die Bestimmung der Metzner-Otto-Konstante möglich, welche mit der in Kapitel 8.2.3 eigeführten Äquivalenten k_{MO}^{*} verglichen werden kann, sodass zukünftig ggf. die Particle Image Velocimetry in der Nähe des Rührwerkes die Leistungsmessung ersetzen kann.

Anhang

A.1 Statistische Geschwindigkeitsverteilung der stationären Strömung

Fluid [-]	Höhe [cm]	Rührw.-lage [-]	Drehzahl n [min⁻¹]	lin. Mittelw. v_{mittel} [m/s]	Stabw. $\sigma_{ln(v)}$ [-]	ln. Mittelw. $\exp(\mu_{ln(v)})$ [m/s]	Verteilungsf. R^2 [-]
Walocel 0,6 %	5	1	200	0,016	1,601	0,005	0,9956
			400	0,050	1,164	0,028	0,9977
			600	0,085	1,063	0,053	0,9977
		3	200	0,022	1,107	0,013	0,9983
			400	0,074	0,966	0,052	0,9876
			600	0,145	0,856	0,110	0,9913
		5	200	0,026	1,207	0,013	0,9971
			400	0,103	0,556	0,089	0,9986
			600	0,209	0,452	0,191	0,9974
	9	1	200	0,035	1,662	0,006	0,9952
			400	0,089	1,288	0,032	0,9981
			600	0,144	1,134	0,059	0,9971
		3	200	0,052	1,329	0,016	0,9950
			400	0,133	1,100	0,064	0,9914
			600	0,230	1,032	0,123	0,9947
		5	200	0,049	1,265	0,016	0,9968
			400	0,139	0,850	0,082	0,9932
			600	0,242	0,581	0,185	0,9888
	12,5	1	200	0,057	1,716	0,010	0,9978
			400	0,087	1,143	0,037	0,9970
			600	0,201	1,049	0,084	0,9923
		3	200	0,094	1,377	0,022	0,9921
			400	0,093	1,044	0,060	0,9964
			600	0,189	1,040	0,113	0,9953
		5	200	0,048	1,265	0,016	0,9969
			400	0,098	0,865	0,067	0,9916
			600	0,183	0,721	0,134	0,9936
	19	1	200	0,028	1,417	0,011	0,9990
			400	0,081	0,984	0,054	0,9979
			600	0,140	0,909	0,091	0,9994
		3	200	0,032	1,137	0,017	0,9988
			400	0,079	1,017	0,053	0,9937
			600	0,147	0,958	0,103	0,9960
		5	200	0,024	1,140	0,011	0,9990
			400	0,071	1,144	0,043	0,9853
			600	0,139	0,909	0,096	0,9944

© Springer Fachmedien Wiesbaden GmbH, ein Teil von Springer Nature 2018
M. Elfering, *Experimentelle Strömungsanalyse im gerührten Fermenter*,
Forschungsreihe der FH Münster, https://doi.org/10.1007/978-3-658-22486-8

Fluid [-]	Höhe [cm]	Rührw.-lage [-]	Dreh-zahl n [min^{-1}]	lin. Mit-telw. v_{mittel} [m/s]	Stabw. $\sigma_{ln(v)}$ [-]	ln. Mittelw. $\exp(\mu_{ln(v)})$ [m/s]	Verteilungsf. R^2 [-]
Glycerin	9	1	200	0,037	1,715	0,008	0,9991
			400	0,082	1,689	0,021	0,9982
			600	0,121	1,515	0,043	0,9936
		3	200	0,051	1,165	0,022	0,9981
			400	0,111	1,124	0,059	0,9964
			600	0,163	1,029	0,096	0,9913
		5	200	0,039	1,098	0,021	0,9980
			400	0,086	0,878	0,060	0,9973
			600	0,157	1,058	0,098	0,9890
	12,5	1	200	0,035	1,617	0,008	0,9994
			400	0,058	1,658	0,020	0,9960
			600	0,103	1,497	0,042	0,9937
		3	200	0,039	1,084	0,022	0,9990
			400	0,085	1,052	0,056	0,9925
			600	0,131	1,010	0,087	0,9909
		5	200	0,032	0,979	0,021	0,9994
			400	0,074	0,829	0,056	0,9945
			600	0,132	1,022	0,087	0,9917

Anhang 1-1: Ergebnisse der statistischen Auswertung der stationären Vektorfelder - inkl. Bestimmtheitsmaß R^2 der Regression der Verteilungsfunktion

A.2 Vektorfelder der stationären Strömung

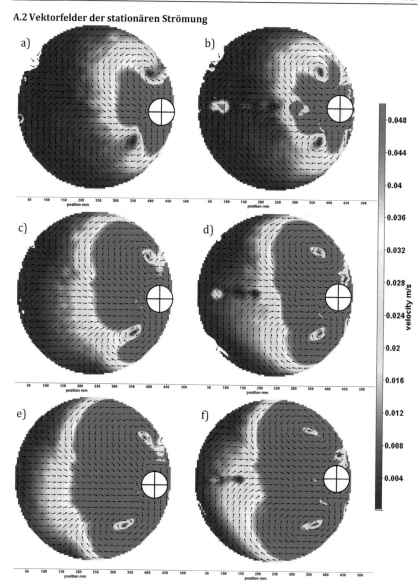

Anhang 2-1: Stationäre Strömung Glycerin Lage 1 - a) Laserebene: 90 mm; n=200 min⁻¹b) Laserebene: 125 mm; n=200 min⁻¹ c) Laserebene: 90 mm; n=400 min⁻¹d) Laserebene: 125 mm; n=400 min⁻¹ e) Laserebene: 90 mm; n=600 min⁻¹f) Laserebene: 125 mm; n=600 min⁻¹–Rührwerks-lage mit Kreuz markiert, Rührwerksachse horizontal ausrichtet

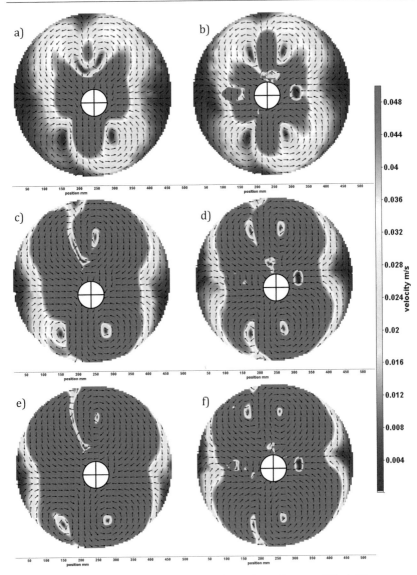

Anhang 2-2: Stationäre Strömung Glycerin Lage 3 - a) Laserebene: 90 mm; n=200 min⁻¹b) Laserebene: 125 mm; n=200 min⁻¹ c) Laserebene: 90 mm; n=400 min⁻¹d) Laserebene: 125 mm; n=400 min⁻¹ e) Laserebene: 90 mm; n=600 min⁻¹f) Laserebene: 125 mm; n=600 min⁻¹ –Rührwerks-lage mit Kreuz markiert, Rührwerksachse horizontal ausrichtet

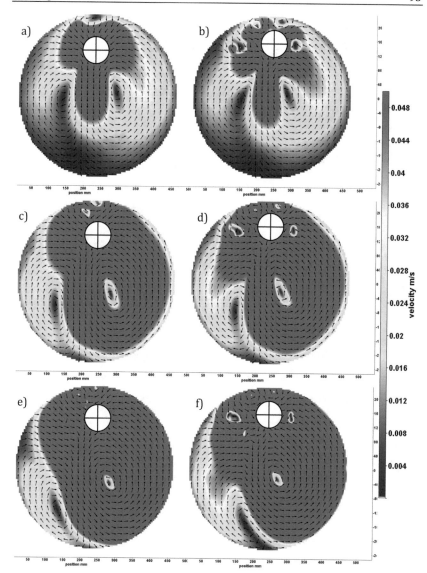

Anhang 2-3: Stationäre Strömung Glycerin Lage 5 - a) Laserebene: 90 mm; n=200 min⁻¹b)
Laserebene: 125 mm; n=200 min⁻¹ c) Laserebene: 90 mm; n=400 min⁻¹d) Laserebene: 125 mm;
n=400 min⁻¹ e) Laserebene: 90 mm; n=600 min⁻¹f) Laserebene: 125 mm; n=600 min⁻¹ –Rührwerkslage mit Kreuz markiert, Rührwerksachse horizontal ausrichtet

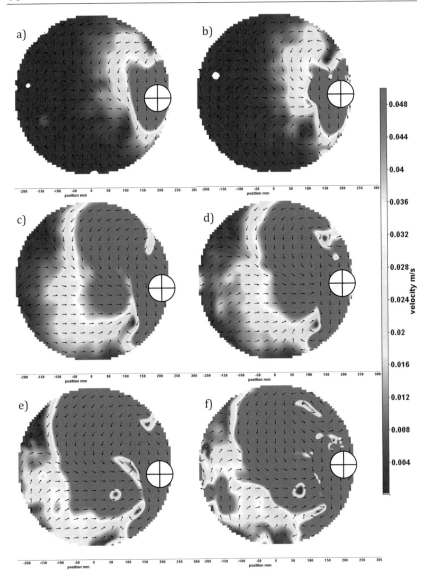

Anhang 2-4: Stationäre Strömung Walocel 0,6% Lage 1 - a) Laserebene: 50 mm; n=200 min⁻¹b)
Laserebene: 90 mm; n=200 min⁻¹ c) Laserebene: 50 mm; n=400 min⁻¹d) Laserebene: 90 mm; n=400
min⁻¹ e) Laserebene: 50 mm; n=600 min⁻¹f) Laserebene: 90 mm; n=600 min⁻¹ –Rührwerkslage mit
Kreuz markiert, Rührwerksachse horizontal ausrichtet

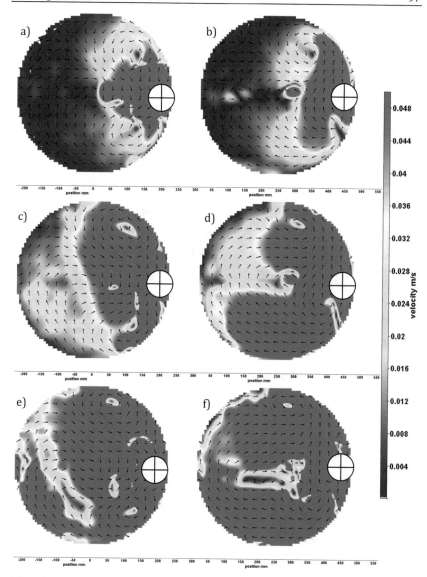

Anhang 2-5: Stationäre Strömung Walocel 0,6% Lage 1 - a) Laserebene: 125 mm; n=200 min⁻¹b)
Laserebene: 190 mm; n=200 min⁻¹ c) Laserebene: 125 mm; n=400 min⁻¹d) Laserebene: 190 mm;
n=400 min⁻¹ e) Laserebene: 125 mm; n=600 min⁻¹f) Laserebene: 190 mm; n=600 min⁻¹ –Rührwerkslage mit Kreuz markiert, Rührwerksachse horizontal ausrichtet

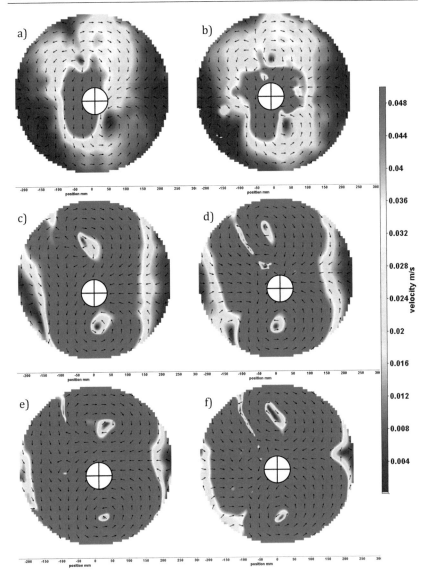

Anhang 2-6: Stationäre Strömung Walocel 0,6% Lage 3 - a) Laserebene: 50 mm; n=200 min⁻¹ b)
Laserebene: 90 mm; n=200 min⁻¹ c) Laserebene: 50 mm; n=400 min⁻¹ d) Laserebene: 90 mm; n=400
min⁻¹ e) Laserebene: 50 mm; n=600 min⁻¹ f) Laserebene: 90 mm; n=600 min⁻¹ –Rührwerkslage mit
Kreuz markiert, Rührwerksachse horizontal ausrichtet

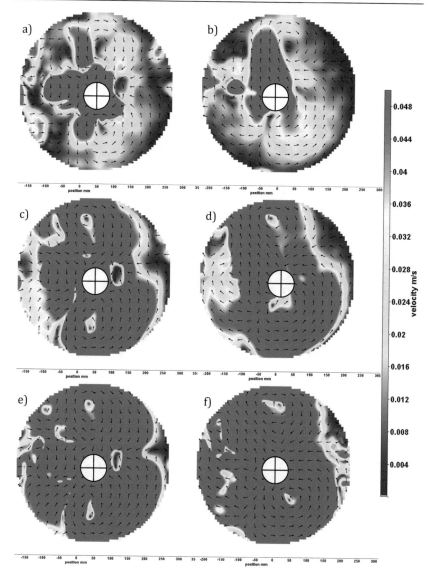

Anhang 2-7: Stationäre Strömung Walocel 0,6% Lage 3 - a) Laserebene: 125 mm; n=200 min⁻¹b) Laserebene: 190 mm; n=200 min⁻¹ c) Laserebene: 125 mm; n=400 min⁻¹d) Laserebene: 190 mm; n=400 min⁻¹ e) Laserebene: 125 mm; n=600 min⁻¹f) Laserebene: 190 mm; n=600 min⁻¹ –Rührwerkslage mit Kreuz markiert, Rührwerksachse horizontal ausrichtet

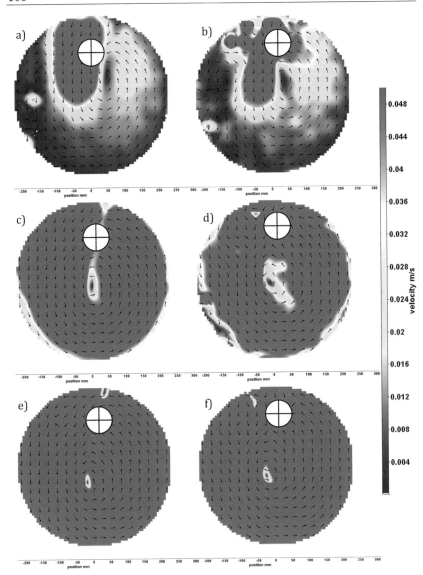

Anhang 2-8: Stationäre Strömung Walocel 0,6% Lage 5 - a) Laserebene: 50 mm; n=200 min⁻¹b)
Laserebene: 90 mm; n=200 min⁻¹ c) Laserebene: 50 mm; n=400 min⁻¹d) Laserebene: 90 mm; n=400
min⁻¹ e) Laserebene: 50 mm; n=600 min⁻¹f) Laserebene: 90 mm; n=600 min⁻¹ –Rührwerkslage mit
Kreuz markiert, Rührwerksachse horizontal ausrichtet

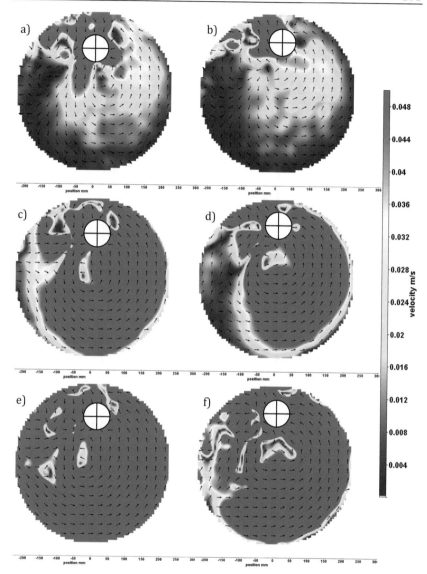

Anhang 2-9: Stationäre Strömung Walocel 0,6% Lage 5 - a) Laserebene: 125 mm; n=200 min⁻¹ b) Laserebene: 190 mm; n=200 min⁻¹ c) Laserebene: 125 mm; n=400 min⁻¹ d) Laserebene: 190 mm; n=400 min⁻¹ e) Laserebene: 125 mm; n=600 min⁻¹ f) Laserebene: 190 mm; n=600 min⁻¹ –Rührwerkslage mit Kreuz markiert, Rührwerksachse horizontal ausrichtet

A.3 Anlaufzeiten der untersuchten Messungen

Fluid [-]	Rührwerks- lage [-]	Drehzahl n [min^{-1}]	Anlaufzeit $t^*_{90\%}$ [s]
Walocel 0,6 %	L1	200	4,2739
		400	5,7289
		600	8,1075
	L3	200	3,4202
		400	3,9184
		600	5,6523
	L5	200	5,2745
		400	6,8130
		600	6,8736
Glycerin	L1	200	3,0277
		400	3,7513
		600	5,0176
	L3	200	3,4521
		400	3,5185
		600	3,9272
	L5	200	4,5233
		400	5,2749
		600	5,2344

Anhang 3-1:Anlaufzeiten der untersuchten Messungen

A.4 Scherraten-Skalarfelder in Rührwerksnähe

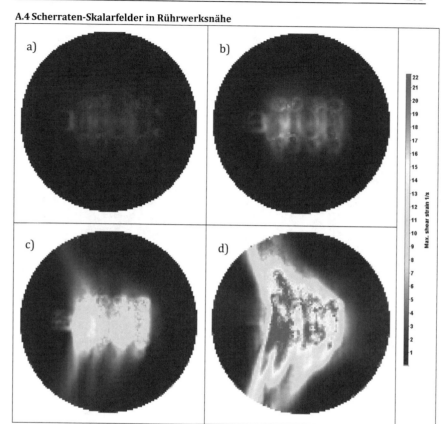

Anhang 4-1: Scherraten in Rührwerksnähe verschiedener Drehzahlen - Walocel 0,6%; Rührwerkslage: 3; Laserschnittebene: 80 mm; Rührwerksachse horizontal ausgerichtet a) n=50 min^{-1} b) n=100 min^{-1} c) n=200 min^{-1} d) n=400 min^{-1}

A.5 Datenblätter

Technische Daten

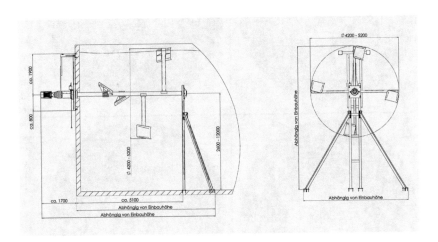

Motorleistung:	15 kW, 22 kW	Behälterfüllstand:	konstanter und schwankender Füllstand möglich (*Füllstand mind. 1600 mm oberhalb der Hauptwelle, idealerweise 100 mm unterhalb der höchsten Paddelstellung)
Drehmoment:	14.500 Nm, 21.100 Nm		
Max. Schubkraft am Paddel:	6,9 kN, 10 kN		
Verdrängungsvolumen pro Stunde:	13.180 m³/h		
Drehzahl:	10 ¹/min	Substrat:	bis +55°C und pH-Wert zwischen 6 und 8
Umfangsgeschwindigkeit:	132 m/min	Einbauhöhe:	von 2.600 mm bis 12.000 mm
Rührdurchmesser:	4.200 mm (Sonderdurchmesser möglich)	Material:	Baustahl, Baustahl+Spezialbeschichtung oder V4A möglich
Paddelfläche gesamt:	1,9 m²	Innenlager:	hochverschleißfester und wartungsfreier Lagerkunststoff
Getriebe:	3-stufiges Planetengetriebe		
Wellenlänge im Behälter:	ca. 5.000 mm	Außenlager:	Flanschlager zur Aufnahme der Axial- u. Radialkräfte
Gewicht:	ca. 2200 kg (je nach Ausführung)	Abdichtung:	Gleitringdichtung (modular erweiterbar)

Anhang 5-1: Technische Daten Hydromixer – Steverding Rührwerkstechnik GmbH

Rühren und Dispergieren

ViscoPakt®-rheo

Die Modellreihe ViscoPakt-Rheo verfügt über eine Präzisions-Drehmoment-Messung. Das drehzahlabhängige Nulldrehmoment wird bei einem automatischen Kalibrierungsvorgang erfasst und zur Korrektur des Drehmomentsignals verwendet. Damit ist es möglich die Viskosität (per Kalibriertabelle) und andere rheologische Parameter online zu ermitteln.

Durch Lastschwankungen verursachte Drehzahländerungen werden durch einen digitalen Drehzahlsensor erfasst und elektronisch ausgeregelt. Die Drehzahl kann über einen Analog-Eingang oder die serielle Schnittstelle vorgegeben werden. Die Istdrehzahl und das Drehmoment werden über Analog-Ausgänge und die serielle Schnittstelle ausgegeben.

Technische Daten

Typ ViscoPakt-rheo	- X7	- 16	- 27	- 57	-110	Einheit
Drehmoment max.	7	16	27	57	110	Ncm
Auflösung	0,003	0,01	0,02	0,04	0,08	Ncm
Reproduzierbarkeit	0,05	0,1	0,2	0,4	0,8	Ncm
Drehzahl min.	40	40	40	40	40	U/min
Drehzahl max.	3000	2200	2200	2000	2000	U/min
Drehzahl Unsicherheit	0,1	0,1	0,1	0,1	0,1	%
Spannfutter	1 - 10	1 - 10	1 - 10	1 - 10	1 - 10	mm
Schutzart Steuergerät	20	20	20	20	20	IP
Schutzart Antrieb	54	54	54	54	54	IP
Gewicht ca.	0,9	1,7	2,6	3,9	6	kg
Durchmesser Motor	70	45	55	70	83	mm
Länge ü. A. ca.	250	245	250	255	295	mm
Ausleger D/ L	16/ 220	16/ 220	16/ 220	16/ 220	16/ 220	mm
Viskosität max.	5.000	6.000	10.000	40.000	70.000	mPas
Rührmenge max.**	2	8	15	30	50	Liter

* Steuergerät/Antrieb

** Richtwerte für Propellerrührer in H2O

Schnittstellen

Analog:

Drehzahlsollwert	0 - 10 V, 0/4-20mA
Drehzahllistwert (=Soll od. 0)	0 - 10 V, 0/4-20mA
Drehmomentistwert	0 - 10 V, 0/4-20mA

RS232:

Senden: Drehzahlsollwert

Empfangen: Drehzahlsollwert, Drehzahllistwert, Drehmomentistwert

Lieferumfang	Mess-Rührantrieb und Steuerbox mit 2,3 m Verbindungskabel

Bestellcode	Beschreibung	Spezifikationen
IR-VIPARHX7	ViscoPakt-Rheo-X7	7 Ncm
IR-VIPARH16	ViscoPakt-Rheo-16	16 Ncm
IR-VIPARH27	ViscoPakt-Rheo-27	27 Ncm
IR-VIPARH57	ViscoPakt-Rheo-57	57 Ncm
IR-VIPARH110	ViscoPakt-Rheo-110	110 Ncm
IR-VIPARS	Option RS232 Schnittstelle	Drehzahl-soll, -ist und Drehmoment-ist

Anhang 5-2: Datenblatt ViscoPak-Rheo-110 – HiTec Zang

PEGASUS
Linienlaser Diodenlaser Festkörperlaser

Solid state laser systems

PLUTO
Compact, high power

With its compact footprint, the DPSS laser PLUTO is especially designed for applications where small space for integration in machine systems and high optical power is requested. With TEM₀₀ beam quality it is an ideal tool for most illumination applications.

Via external analog trigger (0-5 V), the output intensity can be modulated DC - 50 kHz.

In "stand alone" operation the laser can be controlled by a remote control panel to switch ON and OFF the laser by interlock button. The output power can be set by potentiometer.

532 nm
400 - 800 mW

Specifications

Wavelength	532 nm
Optical power	400 mW, 800 mW
Spatial mode	Low multimode
M²	< 2
Beam diameter	< 2 mm
Divergence	< 1 mrad
Power stability (over 1 h)	< +/- 5 %
Polarisation	> 100:1
Modulation (via 0 - 5 V)	DC - 50 kHz (-3dB)
Power supply voltage	9 VDC
Operation current	< 5 A (400 mW) < 8 A (800 mW)
Laser head dimension	120 x 60 x 30 mm³
Power supply	207 x 127 x 28 mm³

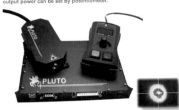

Model	Power (mW)	Beam shape	Laser class
PL.P532.400	400	Dot	3B
PL.P532.800	800	Dot	4
PL.P532.400-Lzz	400	Line	3B
PL.P532.800-Lzz	800	Line	4

Typical applications

High speed triangulation

Spectroscopy

Optical pumping

Laser head   **OEM driver**

www.pegasus-lasersysteme.de

Anhang 5-3: Datenblatt Linienlaser PL.P532 – Pegasus

Sensor	1,280 x 1,024 pixels, 10um pixel size, 12-bit ADC (Bayer system color, 36 bit single sensor)	**Trigger Modes**	Start, Center, End, Manual, Random
Shutter	Global electronic shutter from 20ms to 1 μs dependent on frame rate	**Saved Image Formats**	JPEG, AVI, TIFF, BMP, RAW, PNG, MOV and FTIF. Images can be saved with or without image or comment data
Memory	4GB (2,180 frames @ maximum resolution) or 8GB (4,365 frames @ maximum resolution) memory options 16GB (8,734 frames @ maximum resolution) memory options	**Data Display**	Frame Rate, Shutter Speed, Trigger Mode, Date or Time, Status (Playback/Record), Real Time, Frame Count and Resolution
Camera Control	High speed Gigabit Ethernet	**Cooling**	Actively cooled using external fans
Low Light Mode	Low light mode drops the frame rate and shutter time to their maximum values, while maintaining other set parameters, to enable users to position and focus the camera	**Operating Temperature**	0 - 40 degrees (32 - 104 degree F)
		Mounting	4 x1/4-20UNC
Triggering	Selectable positive or negative TTL 5Vp-p or switch closure	**Dimensions**	120mm (4.7")H × 120mm (4.7")W × 90mm (3.6")D
Timing	Internal clock or external source	**Weight**	1.5 kg (3.4 lbs)
I/O	Input: Trigger (TTL/Switch), Sync, Ready, Event, IRIG Output: Trigger, Sync, Ready, Rec, Expose	**Power Requirements**	100V-240V AC 40W , 50-60Hz DC operation 22-32 VDC, 40VA
Phase Lock	Enables cameras to be synchronized precisely together or to a master camera or external source.		

Anhang 5-4: Technische Daten - FASTCAM MiniUX100 – Photron

Literaturverzeichnis

[1] K. Jobst, A. Lomtscher, A. Deutschmann, S. Fogel, K. Rostalski, S. Stempin, M. Brehmer und M. Kraume, „Optimierter Betrieb von Rührsystemen in Biogasanlagen," Kuratorium für Technik und Bauwesen in der Landwirtschaft e.V., Potsdam, 2015.

[2] Bundesministerium für Wirtschaft und Energie (BMWi), Erneuerbare Energie in Zahlen, Bundesministerium für Wirtschaft und Energie (BMWi), 2016.

[3] S. Kluck, Erweiterung des Konzepts der rheologischen Ähnlichkeit und Einführung eines geeigneten Scale-Up Verfahrens für nicht-Newton'sche Rührprozesse, Aachen: Shaker Verlag, 2016.

[4] T. Reviol, „Experimentelle und numerische Untersuchungen eines modifizierten Propeller-Viskosimeters zur Bestimmung der Fließeigenschaften nicht-Newtonscher Medien mit inhomogenem Charakter," Kaiserslautern, 2010.

[5] A. B. Metzner und R. E. Otto, „Agitation of Non-Newtonian Fluids," *AIChE. Journal,* 1957.

[6] T. Reviol, S. Kluck und M. Böhle, „Erweiterung der Auslegungsverfahren von Rührern und Anwendung an einem Propellerviskosimeter," *Chemie Ingenieur Technik,* Nr. 86, 2014.

[7] C. Gorse, D. Johnston und M. Pritchard, A Dictionary of Construction, Surveying and Civil Engineering, Oxford: Oxford University Press, 2012.

[8] M. J. Sadar, TURBIDITY SCIENCE - Technical Information Series - Booklet No. 11, Hach Company, 1998.

[9] G. Böhme und M. Stenger, „Consistent Scale-up Procedure for the Power Consumption in Agitated Non-Newtonian Fluids," *Chem. Eng. Technol.,* Nr. 11, 1988.

[10] S. Annas, H.-A. Jantzen und U. Janoske, „Numerical study of a scale-up strategy for the fluid flow in biogas plants," *Chem. Eng. Technol.,* 2018.

© Springer Fachmedien Wiesbaden GmbH, ein Teil von Springer Nature 2018
M. Elfering, *Experimentelle Strömungsanalyse im gerührten Fermenter*,
Forschungsreihe der FH Münster, https://doi.org/10.1007/978-3-658-22486-8

[11] J. Kompenhans, M. Raffel, S. T. Wereley und C. E. Willert, Particle Image Velo-cimetry: A Practical Guide, Berlin: Springer, 2007.

[12] LaVision GmbH, „Product-Manual for DaVis 8.3 - Flow Master," Göttingen, 2016.

[13] LaVision GmbH Göttingen, *PIV Seminar - October 25th-27th, 2016*, Göttingen, 2016.

[14] M. Raffel, C. Willert, S. Wereley und J. Kompenhans, Particle Image Velocime-try - A Practical Guide, Springer-Verlag Berlin Heidelberg, 2007.

[15] A. Liné, J.-C. Gabelle, J. Morchain, D. Anne-Archard und F. Augier, „On POD analysis of PIV measurements applied to mixing in a stirred vessel with a shear thinning fluid," *CHEMICAL ENGINEERING RESEARCH AND DESIGN*, 04 November 2013.

[16] J.-C. Gabelle, M. Morchain, D. Anne-Archard, F. Augier und A. Liné, „Ex-perimental determination of the shear rate in a stirred tank with a non-new-tonian fluid: Carbopol," *AICHE JOURNAL*, Nr. JUNE 2013, 2013.

[17] The MathWorks, Inc., „Cross-correlation - MATLAB xcorr," [Online]. Avai-lable: https://uk.mathworks.com/help/signal/ref/xcorr.html. [Zugriff am 17 08 2017].

[18] S. J. Hart und A. V. Terray, „Refractive-index-driven separation of colloidal polymer particles using optical chromatography," American Institute of Physics, 2003.

[19] H. G. O. Becker, R. Mayer, W. Berger, K. Müller und G. Domschke, Organikum - Organisch-chemisches Grundpraktikum, Weinheim: WILEY-VCH Verlag GmbH, 2001.

[20] M. Sommerfeld, „Bewegung fester Partikel in Gasen und Flüssigkeiten," in *VDI-Wärmeatlas*, Springer-Verlag, 2013, pp. 1359-1370.

[21] F. Nehus, „Untersuchung des Stromfeldes in einem Modellfermenter mit Paddelrührwerk unter Zuhilfenahme der Particle-Image-Velocime-try," 2017.

[22] H. Heitkämper und D. Völker, „Experimentelle Bestimmung der Fluidströmung in einem Modellfermenter mittels PIV (Particle Image Velocimetry)," 2017.

[23] J. Böckenfeld, „Simulative Untersuchung des Impulseintrags von Paddelrührwerken in nicht-newtonschen Medien in Biogasanlagen," 2016.

[24] R. A. Meyers, Encyclopedia of Physical Science and Technology - Optics, Elsevier, 2001.

[25] C. Koll, „Aufnahme, Auswertung und Beurteilung rheologischer Parameter zur Auslegung und Simulation von Fördereinheiten sowie Rühraggregaten in Biogasanlagen," 2012.

[26] D. Meintrup und S. S., Stochastik - Theorie und Anwendungen, P. D. H. Dette und P. D. W. Härdle, Hrsg., Heidelberg: Springer-Verlag Berlin Heidelberg, 2005.

[27] J. H. Rushton, E. W. J. Costich und H. Everett, „Power characteristics of mixing impellers," Chem. Eng. Progr, Nr. 46, 1950.

[28] Steverding Rührwerkstechnik GmbH, „Datenblatt Hydromixer," [Online]. Available: http://www.ruehrwerkstechnik-steverding.de. [Zugriff am 19 08 2017].

[29] A. Amanullah, S. A. Hjorth und A. W. Nienow, „Cavern Sizes Generated In Highly Shear Thinning Viscous Fluids By Scaba 3SHP1 Impellers," IChemE, Nr. 75, 1997.

[30] A. M. V. Putz, T. I. Burghelea, I. A. Figaard und D. M. Martinez, „Settling of an isolated spherical particle in a yield stress shear thinning fluid," PHYSICS OF FLUIDS, Nr. 20, 2008.

Printed in the United States
By Bookmasters